化妆品安全消费知识120问

国家药品监督管理局食品药品审核查验中心◎组织编写

田少雷◎主编　郭清泉◎审校

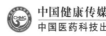

中国健康传媒集团
中国医药科技出版社

图书在版编目（CIP）数据

化妆品安全消费知识 120 问 / 国家药品监督管理局食品药品审核查验中心组织编写；田少雷主编 . — 北京：中国医药科技出版社，2022.6

ISBN 978-7-5214-3260-2

Ⅰ . ①化⋯ Ⅱ . ①国⋯ ②田⋯ Ⅲ . ①化妆品-消费安全-问题解答 Ⅳ . ① TQ658-44

中国版本图书馆 CIP 数据核字（2022）第 088332 号

责任编辑 于海平

美术编辑 陈君杞

版式设计 也 在

出版	**中国健康传媒集团** ｜ 中国医药科技出版社
地址	北京市海淀区文慧园北路甲 22 号
邮编	100082
电话	发行：010-62227427 邮购：010-62236938
网址	www.cmstp.com
规格	880 × 1230 mm $\frac{1}{32}$
印张	4 $\frac{1}{8}$
字数	83 千字
版次	2022 年 6 月第 1 版
印次	2022 年 6 月第 1 次印刷
印刷	三河市万龙印装有限公司
经销	全国各地新华书店
书号	ISBN 978-7-5214-3260-2
定价	**28.00 元**

获取新书信息、投稿、为图书纠错，请扫码联系我们。

化妆品安全消费知识 120 问

主　　编　田少雷

审　　校　郭清泉

参加编写人员（以姓氏汉语拼音为序）

陈　晰　　陈芳莉　　付泽朋

高敬雨　　韩　娟　　贾　娜

吕笑梅　　田青亚　　田育苗

王春兰　　王玉川　　杨珂宇

编者的话

健康美丽是广大人民群众对幸福美好生活追求的主要内容之一，事关国计民生。随着我国人民经济水平和对美好生活要求的日益提高，化妆品已逐渐成为人们日常生活的必需品，越来越多的普通老百姓开始使用化妆品。

实际上，化妆品是把"双刃剑"，既可以为消费者带来美的魅力、美的体验、美的享受、美的愉悦，同时也可能会给消费者带来健康方面的安全风险。首先，化妆品作为一种特殊日化产品，其制备原料含有各种各样的化学成分，本身就存在对人体皮肤甚至内部组织或器官带来安全隐患的可能性。而且，由于某些生产经营企业生产技术或管理水平不足，甚至为了利益最大化，存在以次代好、非法添加等违法行为，也增加了消费者的安全风险。此外，由于消费者缺乏化妆品消费安全的相关知识，而导致化妆品选购或使用不当，甚至滥用，也进一步加大了安全风险发生的频率和严重程度。

因此，对化妆品使用安全风险的控制，既需要化妆品生产经营企业具有基本的社会责任感，严格遵守相关法律法规，不断提高研发、生产技术和质量安全管理水平，也需要药品监管部门的严格监管，更需要消费者提高相关安全风险意识和具备正确选择、使用化妆品的必备知识。

本着为人民群众办实事的宗旨，国家药品监督管理局食品药品审核查验中心第六党支部组织从事化妆品监督检查工作的检查员们集体编写了本书，旨在为消费者普及化妆品安全使用方面的知识，在使用环节为消费者增加一道安全风险防线。

本书包括四部分内容，共 120 个问答：一是基础篇，主要介绍化妆品的基本概念及安全性方面的基础知识；二是监管篇，主要介绍我国对化妆品监管的主要法规、制度和相关规定；三是选购使用篇，主要介绍化妆品消费者如何正确、安全选择和使用各类化妆品的科普知识；四是知识扩展篇，对护肤知识和常见的热点问题进行了阐述。

在本书编写过程中得到了本单位领导的大力支持，

参考了相关法规和书刊，并由中国医药保健品进口商会化妆品分会会长、广东工业大学郭清泉教授审校了全书，在此一并致以诚挚的感谢！

限于编者水平和编写时间，本书内容难免存在疏漏不当之处，恳请广大读者批评指正。

编　者

2022 年 2 月

目　录

监管篇

选购使用篇

知识扩展篇

基础篇

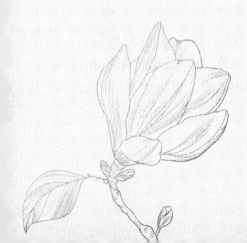

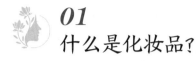

01
什么是化妆品？

根据 2020 年 6 月 16 日国务院发布的《化妆品监督管理条例》，化妆品是指以涂擦、喷洒或者其他类似方法，施用于皮肤、毛发、指甲、口唇等人体表面，以清洁、保护、美化、修饰为目的的日用化学工业产品。

02
化妆品有哪些基本作用？

作为一类特殊的日用化学工业产品，化妆品一般具有以下一种或多种作用。

能祛除皮肤、毛发、口唇和指（趾）甲上面的污垢，达到清洁的目的，例如洗面奶、净面面膜、清洁用化妆水、洗发香波、沐浴液等。

起到保护皮肤、防止干冷空气、紫外线等刺激，防止皮肤受损以及毛发枯断等作用，使皮肤及毛发显得滋润、柔软、光滑、富有弹性等，例如润肤乳液、护肤霜、防晒霜、护发素等。

美化装饰作用	通过使用化妆品进行外表美化、修饰，以增加个人外在魅力，例如粉底、胭脂、唇膏、发胶、摩丝、眉笔、睫毛膏、眼影盘、香水及指甲油等。
特殊功能作用	有些化妆品具有一定的特殊功效，包括祛斑美白、防晒、防脱发、染发、烫发等作用。具有特殊功效的化妆品一般安全性风险也可能更高。

 ## 03
如何判断一个产品是否属于化妆品？

　　并非所有的日用化学工业产品都是化妆品。消费者在判断某种产品是否属于化妆品时，主要看该产品是否符合化妆品定义中的三个要素：一是看其使用方法，是否采用涂擦、喷洒或者其他类似方法；二是看其施用部位，是否为皮肤、毛发、指甲、口唇等人体表面；三是看其使用目的，是否为清洁、保护、美化、修饰等为目的。只有同时满足以上三个要素的日用化学工业产品才属于化妆品。

　　普通消费者要判断某产品是否为化妆品，最简便的方法是看其包装上的标签是否标注相关批准文号：

一看是否标注有化妆品注册文号或备案编号

按照《化妆品标签管理办法》，特殊化妆品标签必须标注有化妆品注册文号，新修订《化妆品注册备案管理办法》2021年5月1日起实施。在实施前，国产特殊化妆品标签格式为：国妆特字+G+四位年份数+本年度注册产品顺序数，例如"国妆特字G20210305"；进口特殊化妆品标签格式为：国妆特进字+J+四位年份数+本年度注册产品顺序数，例如"国妆特进字J20201456"；我国港、澳、台地区生产的特殊化妆品格式为：国妆特制字+Z+四位年份数+本年度注册产品顺序数，例如"国妆特制字Z20210016"。需要注意的是，在新修订《化妆品注册备案管理办法》实施后申报的特殊化妆品中，一律删除了原编号中的字母，即G、Z或J，其他编号规则不变。例如"国妆特进字20220002"。普通化妆品的备案编号国家监管部门未要求标注，因此，生产企业可标也可不标。国产普通化妆品备案编号的标注格式为：省、自治区、直辖市简称+G妆网备字+四位年份数+本年度行政区域内备案产品顺序数，例如"粤G妆网备字2018001325"；进口普通化妆品格式为：国妆网备进字（境内责任人所在省、自治区、直辖市简称）+四位年份数+本年度全国备案产品顺序数，例如"国妆网备进字（沪）2021000123"；我国港、澳、台地区生产普通化妆品格式为：国妆网备制字（境内责任人所在省、自治区、直辖市简称)+四位年份数+本年度全国备案产品顺序数，例如"国妆网备制字（粤）2022000369"。

合法的国产化妆品标签上必须标注有化妆品生产企业及其生产许可证号，格式为：省、自治区、直辖市简称＋妆＋年份（4位阿拉伯数字）＋流水号（4位阿拉伯数字），例如"粤妆20210025"。

容易被消费者混淆为化妆品的产品主要有卫生消毒产品和医疗器械产品，可通过包装标签上标注的许可证号与化妆品相区分。合法的卫生消毒产品需要标注省级卫生部门批准的生产企业卫生许可证号，例如"赣卫消证字（2021）第0023号""鲁卫消证字（2018）第0138号"。合法的医疗器械产品包装标签上应当标注有省级药品监督管理部门批准的生产许可证号，例如"鲁食药监械生产许2018 0047号"，同时还应当标注有该产品的注册文号（三类、二类产品），例如"国械注准2020XXXXXXX""辽械注准2019XXXXXXX"，或备案编号（一类产品），例如"辽械备2017XXXX"。因此，可根据产品标签上是否有上述"消字号"或"械字号"与"妆字号"的化妆品相区分。

04
化妆品能从生理上改变肤质吗？

根据化妆品的定义，化妆品的使用目的仅限于清洁、保护、美化、修饰，有些商家关于化妆品的宣传，例如

"逆龄""冻龄""彻底改变肤质""涂抹后一劳永逸"等都是毫无科学根据的。

从科学的角度讲，化妆品对皮肤的护理美化作用主要在表皮进行，例如通过保湿成分来维系皮肤表面不因天气干燥而使皮肤表面失去水分和油脂，达到保持皮肤弹性和柔韧性的目的。由于能够透过皮肤表皮进入真皮层的营养物质是有限的，一般来讲，化妆品只能维持或者改善皮肤的状态，而不能从根本上改变皮肤肤质。

05
哪些产品容易让人误解为化妆品？

在我们生活中各种日用化学工业产品琳琅满目，虽然通过上述化妆品的定义就能区分出大部分产品是否为化妆品，但是仍有某些产品容易被混淆为化妆品。

使用方法不是采取涂擦、喷洒或者其他类似方法，而是采用口服、注射、吸入、手术等方法进入或作用于人体皮肤或人体内部，如一些医疗美容机构使用的注射用肉毒杆菌、透明质酸等产品，虽然声称美容目的，但不属于化妆品；施用部位不直接接触人体表面的一些类似产品，如香薰精油、空气清新剂、衣物洗涤剂、消毒剂等，不是化妆品；虽采取涂擦、喷洒或者其他类似方法在皮肤表面使用但使用目的超出清洁、保护、美化和修饰范围的产品，如具有治疗作用的皮肤用药膏、药霜、药液或消毒酊剂等，也不属于化妆品。

06
牙膏、香皂属于化妆品吗？

《化妆品监督管理条例》规定，牙膏参照有关普通化妆品的规定进行管理，因此，虽然牙膏不完全符合化妆品的定义，但从法规管理的角度，可把牙膏视为化妆品。宣称具有特殊化妆品功效的香皂，如祛斑美白香皂按照化妆品监管，但是普通香皂不按照化妆品监管。

07
牙膏能治疗疾病吗？

牙膏是指以刷牙的方式作用于人体牙齿表面，起到辅助清洁作用的半固体制剂。牙膏具有美化、保护牙齿及周围组织等功效。《化妆品监督管理条例》规定，牙膏参照普通化妆品的规定进行管理；牙膏按照国家标准、行业标准进行功效评价后，可以宣称具有防龋、抑牙菌斑、抗牙本质敏感、减轻牙龈问题等功效。《化妆品监督管理条例》规定，化妆品不能明示或者暗示具有医疗作用，不能进行虚假或者引人误解的功效宣称，牙膏也不例外。

08
在我国销售的国际品牌化妆品都是进口的吗？

我国许多消费者喜欢使用国际品牌的化妆品，但是在我国销售的国际品牌的化妆品未必都是进口的。

国际品牌厂商在我国境内销售的化妆品，一类是从国外直接进口的，可能生产于国际品牌厂商所在国家或其他国家。另一类可能是在我国设厂生产的，也可能是委托国内化妆品生产企业为其加工定制或代加工的，这些产品就不属于进口化妆品。所以我们在市场上买到的产品虽然都冠以国外品牌商的商标或品牌，但实际生产厂家有可能是国内化妆品生产企业。消费者可以从化妆品标签上获得化妆品实际生产企业和生产地址的信息。

只要是名副其实的国际品牌，即使是在国内生产的，质量应该和进口的产品是一样的，但由于减少了关税和国际运输等费用，反而物美价廉。有些进口产品，虽然是在

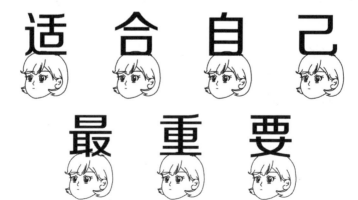

国外生产的，但由于有些国外厂商的"双标"策略，甚至其产品在本国或地区的声誉也不怎么好，这些产品的质量安全也是值得怀疑。相比较国际品牌的问题产品，我们国内合法正规企业的品牌产品质量更有保证。

此外，由于进口化妆品在我国销售价格一般较高，国内一些不法商家为谋求高额利润，往往以国内生产的产品冒充进口产品，严重损害了消费者的利益。

所以，消费者要树立正确消费观，克服盲目崇外心理，同时要提升辨识能力。

09
是否存在纯天然化妆品？

在法规层面，我国的化妆品分类中并没有"纯天然化妆品"这个概念，而且按照《化妆品标签管理办法》相关规定，化妆品不能宣称诸如"纯天然"这样绝对化的概念。

但是有些厂商在广告宣传中仍然屡屡宣称其产品是纯天然的。实际上，宣称"纯天然"的产品，大多只是在配方中添加了一些来源于动植物的成分，包括植物提取物、植物液汁、动植物油等，添加量往往很少，其化妆品中含有的人工合成的化学原料仍然是主要的。大家只要查看一下产品标签上的全成分标识就可以发现，除了来源于动植物的成分外，大多还含有其他化学成分，如有机溶剂、色素、防腐剂、抗氧化剂等。

虽然从配方成分角度讲，也存在极少数完全天然的产品种类，如植物油化妆品，但是化妆品的安全和功效与是否"纯天然"没有必然关系。

10
是否存在食品级化妆品？

一些化妆品生产企业在生产化妆品时可能使用了某些可用于食品生产的原料，就宣称这样的化妆品为"食品级"化妆品，以显示其化妆品的安全性。

事实上，化妆品和食品是两种不同类别的产品，食品是可食用的，而化妆品在任何情况下均不可食用。即使化妆品采用了部分食品级原料，但是仍然会含有其他的不可食用的化学成分，因此不存在所谓的"食品级"化妆品。

一些化妆品企业即使使用了某些可用于生产食品的原料，也并不代表生产出来的化妆品就一定是安全的。根据《化妆品安全技术规范》，一些可食用或者在食品中广泛存在的物质仍然可能列为化妆品禁用原料，禁止添加在化妆品中，如魔芋、维生素 K_1 等。

根据《化妆品监督管理条例》，化妆品是以"涂擦、喷洒或者其他类似方法"，施用于皮肤、毛发、指甲、口唇等人体表面的日用化学工业产品。因此，化妆品不是为食用而设计的产品，误食化妆品是存在安全风险的。即使现在参照化妆品管理的牙膏，在使用后，也应当尽可能避免吞入。

在化妆品的日常使用中，如偶尔摄入少量的诸如口红、唇膏等化妆品，也不必过于担心，因为摄入量很小，在安全容许的范围内。但如果儿童把化妆品误当作食品，大量误食摄入，则可能导致安全隐患。如果出现不适症状，应当及时就医。

根据《化妆品标签管理办法》，化妆品标签禁止标注"虚假或者引人误解的内容"。因此，在化妆品的标签上标注或宣传"食品级化妆品""可食用"等，均属违反《化妆品标签管理办法》的行为，应予禁止。

11
为什么化妆品中除了功效成分外还要添加其他成分？

化妆品是由多种原料按照一定的配方比例，经过制备加工后形成的混合物。化妆品中除了主要功效成分外，还需要添加一些其他成分，例如防腐剂、抗氧化剂、化学香精、人工色素、表面活性剂等。以防腐剂为例，化妆品中含有较多的油脂、胶质、多元醇、蛋白质和水分等，这为微生物生长繁殖创造了良好的条件。化妆品在生产、包装、使用的各个环节都有可能受到微生物污染。因此，化妆品中通常会添加防腐剂以保护产品，即使宣称不使用防腐剂的产品，也会添加一些具有防腐作用的其他成分以达到同样目的，使之免受微生物污染，延长产品的货架期和使用寿命，确保产品的安全性。添加抗氧化剂的目的是为了防止化妆品中的某些成分，如油脂在贮存、运输和使用过程中发生氧化变质。

12 为什么要重视化妆品安全性问题？

化妆品是把"双刃剑"，既可以为消费者带来美的体验、美的享受、美的愉悦、美的魅力，也可能给消费者带来健康方面的风险。产生安全性问题的主要原因包括：

（1）化妆品作为一种特殊日化产品，其制备原料含有各种各样的化学成分，有些成分会对皮肤甚至人体内部器官带来安全风险。

（2）某些化妆品生产厂商因技术或管理水平不足，导致其产品出现安全质量问题，例如微生物污染、质量不稳定、限用物质超标等。

（3）非法企业为了追求利润最大化，在生产原料上以次代好，甚至超量添加限用物质、非法添加禁用物质等，加大了化妆品消费者的安全风险。

（4）化妆品在贮存、运输、销售过程中，由于温度、光照等外部条件不符合要求，导致产品质量发生变化。

（5）由于普通消费者缺乏化妆品使用的安全意识和相关知识，也进一步加大了安全风险发生的频率和严重程度。

13
化妆品中的化学物质对皮肤都是有害的吗?

由于化妆品是一种日用化学工业产品,许多人担心使用化妆品会对身体产生危害。这种担心是正常的,因为任何产品对人体都是一把"双刃剑",化妆品也是如此。人们在享受化妆品带来的精神愉悦和美丽享受的同时,化妆品也可能给我们带来一定的风险。消费者也不必过度担心,因为我国对化妆品是有严格监管的。在上市前,化妆品要经过注册或备案,明确化妆品中的准用组分、限用组分和禁用组分,已经把对人体安全性有负面影响的成分尽可能限用或禁用,上市后也有严格的监管措施。

一般来讲,合法生产且质量合格的产品安全风险是可控的,所以大家只要选用合法合格的正规产品并正确使用,就不必过度担心安全问题。

14
什么是化妆品不良反应? 常见的化妆品不良反应有哪些?

根据《化妆品监督管理条例》,化妆品不良反应是指正常使用化妆品所引起的皮肤及其附属器官的病变,以及人体局部或者全身性的损害。

常见的化妆品不良反应有以下几种:

化妆品接触性皮炎

在使用化妆品的部位出现皮疹，主要表现为红斑、丘疱疹、水疱、大疱、渗液、肿胀及结痂，有时伴有瘙痒、疼痛和烧灼感。

化妆品光感性皮炎

使用化妆品并经过光照后引起的皮肤炎症性改变，主要表现为皮肤红斑、水疱和肿胀等。

化妆品致皮肤色素异常

使用化妆品后出现的皮肤色素沉着（表现为皮肤色素斑）或色素脱失（表现为皮肤白斑）。

化妆品痤疮

接触化妆品部位发生的皮肤痤疮样改变，表现为黑头及白头粉刺、丘疹、脓疱等。

化妆品毛发损害

使用发用化妆品后出现局部毛发干枯、松脆、变色、脱落、断裂、分叉等改变。

化妆品甲损害

应用美甲化妆品所致的指（趾）甲及其周围损伤及炎症改变。

随着我们对化妆品皮肤病认识的不断加深，其他临床类型的化妆品皮肤病时有发生，也越来越受到人们的重视，如化妆品唇炎和化妆品接触性荨麻疹等。另外，由于个别假冒伪劣化妆品违规添加激素，如果消费者长期使用，可导致激素依赖性皮炎的发生。

15
使用化妆品为什么会出现不良反应？

引起化妆品不良反应的原因很多：一部分消费者，虽然使用的是合法化妆品，但其对所用化妆品中的某种成分过敏，使用后出现了过敏等不良反应；另一部分消费者，使用的化妆品是违法产品，如非法添加激素或者抗生素的化妆品、过期产品或者未按照储存条件储存的化妆品；还有一部分消费者，没有认真阅读化妆品的标签说明，没有按照正确的使用方法来使用化妆品，如在使用染发类化妆品之前，没有做过敏预警测试，导致染发后出现过敏症状。

16
如何减少化妆品不良反应的发生？

第一，要选择合法渠道来源的化妆品
在美容美发机构使用化妆品也要问明产品来源，仔细查看产品标签和说明书，必要时可要求查看进货证明。购买产品时要注意索要发票和购物凭证，以备维权。

第二，要注意查看化妆品标签内容是否清楚、包装是否完好

标签中产品名称、全成分标注、生产企业名称和地址、使用方法、生产日期和保质期、储存条件以及必要的安全警示等都有清楚标识。进口化妆品还应附有中文标签。消费者应对化妆品功效有合理的预期，对标签中有明示或暗示具有医疗作用、具有夸大宣传或引人误解内容的化妆品应提高警惕，避免使用。

第三，要按照化妆品标识中规定的使用方法合理使用化妆品

如发生化妆品不良反应，应立即停用，必要时应到医院皮肤科就诊。就医时要携带近期所使用的化妆品及其包装，以帮助医师判断出现的症状是否与使用该化妆品相关。

17
发生化妆品不良反应后，消费者该怎么办？

发生化妆品不良反应后消费者应立即停止使用该化妆品。有的不良反应在停用后就会自行缓解消失。若症状比

较严重，或停用一段时间后不良反应症状仍未消除，应到正规医院皮肤科就诊。

在不良反应发生后，消费者可以与化妆品注册、备案和生产企业联系，告知其怀疑使用某一款产品后出现不良反应的相关信息。消费者如果去作为化妆品不良反应监测评价基地或者监测哨点的医疗机构就诊，可以通过该医疗机构报告不良反应。另外，消费者也可以向当地的化妆品不良反应监测机构或者负责药品监督管理的部门报告可能与使用化妆品有关的不良反应。

18 为什么同一种化妆品并非适合所有人使用？

因为人们的肤质存在较大差异，有干性、油性、混合性之分，有的人属于敏感性皮肤，所以化妆品的使用效果因人而异。我们要对自己的肤质有所了解，才能找到更适合自己的产品，加上正确的使用方法，可达到更好的效果，并可避免不良反应的发生。

19 什么是化妆品不耐受？

化妆品不耐受是指消费者在使用化妆品过程中，面部皮肤出现不良感觉或反应的现象。这种不耐受多以主观感觉为主，自我感觉皮肤在使用化妆品后出现的烧灼、刺痛、瘙痒或紧绷感等，而皮肤外观无皮疹或仅有轻微的红斑、脱屑等。

目前，关于化妆品不耐受的发病机制还没完全清楚，其可能是化妆品中某些成分和使用者自身皮肤状况综合作用引起的结果，主要表现为以下几个方面：

（1）长期使用劣质产品、频繁去角质及护肤方法不当等使本来完整的皮肤屏障功能受损，皮肤处于亚临床炎症状态。

（2）使用者本身是敏感性皮肤，其皮肤屏障功能比正常人稍弱一些，容易对多种化妆品产生不耐受现象。

（3）使用者本身有皮肤病，如脂溢性皮炎、痤疮等，如果过度使用了抑制皮脂分泌的产品，即使原发病得到了控制，但皮肤正常的皮脂膜受到了破坏，使皮肤容易受到化妆品的刺激而产生不适感。

从以上分析可以看出，引起化妆品不耐受最主要的因素是皮肤本身的屏障功能降低，这时只有采取适当的措施，恢复皮肤的正常屏障功能，才可能缓解或消除化妆品的不耐受现象。

此外，心理因素也是加重化妆品不耐受现象的原因之一。有些女性在使用化妆品前，总是担心出现化妆品不耐受现象，这种惧怕心理，放大了其主观感受，使其主观感觉皮肤不适的症状更加明显。所以，对于化妆品不耐受的女性，有时也需要调整心态，减轻心理压力。

由于化妆品不耐受主要是以主观感觉皮肤不适为主，

皮肤外观的异常表现比较轻微，故常常被人忽略，直到出现严重炎症时才去医院就医。所以，一旦出现化妆品不耐受现象，应及时就医，切不可置之不理或滥用药物，否则可能会演变为严重面部皮炎。

20 化妆品中微生物超标对身体有什么危害？

化妆品微生物污染是指化妆品被检出超过标准规定以上的微生物或检出致病微生物，主要表现为膨胀、气泡、酸败、色泽改变、霉斑、剂型改变和异味等，提示有微生物污染。

微生物超标或变质的化妆品会直接刺激皮肤，微生物及其代谢成分都可能成为新的致敏原而增加皮肤过敏的机会，所含的大量细菌、真菌会感染皮肤，引起感染性皮肤病，接触伤口或免疫力降低还可能引发炎症。尤其如用于危险三角区和眼帘，严重时可因这些部位的静脉无瓣膜而引起海绵窦血栓和颅内感染，可能会导致死亡。

化妆品在生产、加工、运输、储存和使用的各个环节中均有可能产生微生物污染。《化妆品生产质量管理规范》要求企业在生产、加工、运输、贮存过程中对原料、环境、生产人员、生产设施设备等进行控制。

作为消费者，在选购化妆品时尽可能通过正规渠道，选择正规厂家生产的合格化妆品，另外应将化妆品保存在阴凉干燥的地方，避免阳光直射，同时在使用化妆品时应注意在其有效期限前使用，也要注意一旦开封后尽量短时间内用完。

21
商家宣称化妆品中含有的天然成分一定安全吗？

天然物质未必无害，例如中国古代宫廷中用于美白的铅粉就是天然的，它含有铅和汞，对人体是非常有害的。

市场上很多化妆品宣称含有的天然成分多是植物提取物。植物提取物成分一般很复杂，包含多种化学成分，其中很多化学成分并未得到明确鉴别，其安全性也未经过深入的毒理学研究。而且这些未知的化学成分还可能是潜在的过敏原。每增加一种成分，对敏感肌肤而言就可能多一分过敏的风险。在将植物转变成化妆品所用原料的过程中，一般需要经过一系列的化学处理，可能会残留更多的化学成分。所以，化妆品中的天然成分对人体也未必安全。

22
哪些化妆品具有易燃性？

多数化妆品中含有机溶剂，如醇类和酯类等，均属于易燃品，刚刚涂抹或喷洒完，溶剂尚未挥发，接触火源就有发生燃烧的危险。所以涂抹或喷洒化妆品时，应尽量远离火源；涂抹或喷洒完后，也不要急于靠近火源；保存化妆品也要注意避开火源，尽量放置在阴凉、通风处，避免暴晒。对下列产品应特别注意：

指甲油

指甲油成品中含 70%~80% 的易挥发溶剂。另外，指甲油中硝化棉在空气中易自燃，因此指甲油属于危险化学品。

花露水

花露水中所含的酒精浓度为 70%~75%，这种配比容易渗入细菌内部，起到消毒杀菌的作用。花露水也要避火使用，应该尽量置于阴凉处储存，切勿暴晒。

香水

香水含有酒精成分，属于易燃易爆物品。香水中香精含量一般为 8%~30%，其余大部分为酒精。香水挥发后会产生易燃气体，爆炸临界点为 49℃，长期处于高温暴晒环境下，就可能发生爆炸，要特别小心。

发胶

啫喱水、发胶、发蜡里面含有可燃的化学成分，又附在头发上，如果遇到明火，则后果不堪设想。

爽肤水

我们日常使用的化妆水、护肤水中也或多或少含有酒精等易燃成分，特别是从不正规渠道购买的假冒伪劣商品更是隐患重重，所以虽然起火的可能性较小，仍然需要引起注意。

23
要查询化妆品相关信息可通过什么途径？

目前国产及进口化妆品的注册及备案信息均可在国家药品监督管理局网站（网址：https://www.nmpa.gov.cn/）或者"化妆品监管 APP"通过产品名称、生产厂家、批准文号或备案号等查询。化妆品的抽检信息也会在国家药品监督管理局及各省级药品监督管理局官方网站公告。

此外，国家药品监督管理局食品药品审核查验中心（网址：https://www.cfdi.org.cn/cfdi）化妆品检查专栏会定期发布核查中心对化妆品企业的检查情况及化妆品监管的最新动态。国家药品监督管理局药品评价中心（国家药品不良反应监测中心，网址：http://www.cdr-adr.org.cn/）化妆品专栏会定期发布化妆品科普知识及化妆品不良反应报告。

监管篇

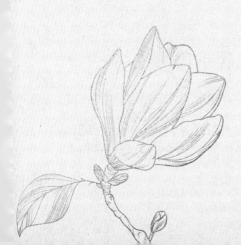

24 我国化妆品的监管法规主要有哪些?

我国化妆品的最高监管法规是 2020 年 6 月 16 日由国务院颁发的《化妆品监督管理条例》(中华人民共和国国务院令 第 727 号)。

《化妆品监督管理条例》自 2021 年 1 月 1 日实施。对规范我国化妆品监管,促进我国化妆品行业的健康发展,保障我国广大化妆品消费者的健康美丽发挥里程碑的作用。此前我国化妆品监管以 1989 年国务院发布的《化妆品卫生监管条例》同时废止。

国家市场监管总局至今已发布了与《化妆品监督管理条例》配套的两个重要行政规章,即《化妆品注册备案管理办法》《化妆品生产经营监督管理办法》,前者自 2021 年 5 月 1 日开始实施,后者自 2022 年 1 月 1 日开始实施。国家药品监督管理局也已或将陆续发布一系列与两个办法配套的规范性文件。

25 我国化妆品监管手段主要有哪些?

化妆品监管分为上市前和上市后两个阶段。化妆品上市前,特殊化妆品应当获得注册证书,普通化妆品应当取得备案文号。化妆品的生产企业必须申请获得化妆品生产许可证。化妆品上市后的监管手段包括监督检查、抽样检验、安全风险监测、不良反应监测等。

26
我国化妆品各级监管部门是如何分工的？

根据《化妆品监督管理条例》，国务院药品监督管理部门（即国家药品监督管理局）负责全国化妆品监督管理工作。国务院有关部门（市场监管部门、卫健委、海关总署等）在各自职责范围内负责与化妆品有关的监督管理工作。县级以上地方人民政府负责药品监督管理的部门（即省级药品监督管理局、市县级市场监管局）负责本行政区域的化妆品监督管理工作。县级以上地方人民政府有关部门在各自职责范围内负责与化妆品有关的监督管理工作。

国家药品监督管理局负责全国化妆品的监管，主要负责化妆品研制、注册备案环节的监管；省级药品监督管理局主要负责化妆品生产环节及网络电商平台的监管；市县级市场监管部门主要负责化妆品经营及使用环节的监管。

27
我国是如何按照风险程度对化妆品进行分类管理的?

我国按照风险程度对化妆品实行分类管理,化妆品分为特殊化妆品和普通化妆品。特殊化妆品实行注册管理,普通化妆品实行备案管理。化妆品原料按照在中国境内是否首次使用分为新原料和已使用的原料。国家对风险程度较高的化妆品新原料实行注册管理,对其他化妆品新原料实行备案管理。

28
什么是特殊化妆品? 什么是普通化妆品?

特殊化妆品是指用于染发、烫发、祛斑美白、防晒、防脱发的化妆品以及宣称新功效的化妆品。消费者在购买特殊化妆品时,应注意是否标注有注册证书编号。

普通化妆品是指上述特殊化妆品以外的化妆品,例如我们常用的保湿水乳、护肤面霜、沐浴露、洗发水、睫毛膏、粉底、口红等。

牙膏参照普通化妆品管理。宣称具有特殊化妆品功效的香皂适用化妆品管理。

29
什么是化妆品注册人、备案人？

我国对化妆品实行注册人、备案人制度。化妆品注册人、备案人向监管部门提出注册或备案申请，并在其产品注册或备案后，自行生产或委托取得相应化妆品生产许可的企业生产其产品，然后以其名义将产品推向市场，并对化妆品的质量安全和功效宣称负责，并承担相应的法律责任。

化妆品注册人、备案人应当具备下列条件：

（1）是依法设立的企业或者其他组织；

（2）有与申请注册、进行备案的产品相适应的质量管理体系；

（3）有化妆品不良反应监测与评价能力。

30
化妆品生产企业应当具备哪些条件？

在我国从事化妆品生产的企业，应当具备下列条件：

（1）是依法设立的企业；

（2）有与生产的化妆品相适应的生产场地、环境条件、生产设施设备；

（3）有与生产的化妆品相适应的技术人员；

（4）有能对生产的化妆品进行检验的检验人员和检

验设备；

（5）有保证化妆品质量安全的管理制度。

31
如何识别化妆品功效宣称的合法性与可靠性？

化妆品功效宣称是企业推广产品的重要手段，是消费者了解产品的重要途径。一直以来，不少商家为了吸引消费者眼球，提升销量，虚假宣称问题频出。

（1）化妆品的功效宣称应当有充分的科学依据。企业在宣称前应由文献资料、研究数据或功效宣称评价试验

我们家洗面奶泡沫多
清洁力强但很柔和
抗氧化、美白、补水
还可以当面膜用
去红血丝、去角质
大家心动不如行动
不为所动

结果作为支撑。《化妆品分类规则和分类目录》，除注册新功效的化妆品以外，明确列出了化妆品可以宣称的 26 种功效，对于超出的，按照新功效，要进行申报特殊化妆品进行注册管理。

（2）普通化妆品不能宣称特殊功效。相对来说，特殊化妆品风险较高，实行注册管理，普通化妆品风险较低，实行备案管理。所以普通化妆品不能宣称特殊功效，如果存在普通化妆品宣称特殊功效，属于虚假、违法宣称。例如某洗发水宣称具有防脱发功效，但无法提供相关依据，该产品也仅按照普通化妆品备案，则被有关部门认定为虚假广告。

（3）警惕口头宣称。有不少线上主播及线下导购为了提升销量，常常夸大宣称化妆品功效，导致消费者冲动消费。所以消费者在逛直播间或实体店时要根据自己的需求理性消费，防止被忽悠。

 32 我国对化妆品原料是如何管理的？

化妆品原料是化妆品配方中使用的成分。我国药品监督管理部门向社会发布《已使用化妆品原料目录》，同时不定期公布或更新化妆品准用组分、限用组分、禁用组分清单。

化妆品新原料是指在我国境内首次使用于化妆品的天

然或者人工原料。具有防腐、防晒、着色、染发、祛斑美白功能的化妆品新原料，经国务院药品监督管理部门注册后方可使用；其他化妆品新原料应当在使用前向国务院药品监督管理部门备案。注册或备案后的新原料实行3年安全监测期，3年安全监测期满未发生安全问题的化妆品新原料，纳入国务院药品监督管理部门制定的《已使用化妆品原料目录》。

33
什么是化妆品准用组分？

准用组分是指在某一用途中只允许作为化妆品原料使用的物质。我国《化妆品安全技术规范》明确列出了准许用于化妆品的防腐剂、防晒剂、着色剂及染发剂清单。企业在使用准用组分清单成分时也应当符合清单中规定的最大允许浓度、使用范围和限制条件的要求。

34
什么是化妆品限用组分？

限用组分是指在限定条件下可作为化妆品原料使用的物质。《化妆品安全技术规范》明确列出化妆品限用组分，对其使用范围、最大使用浓度及限制使用条件做出具体规定。

35
什么是化妆品禁用组分？

化妆品禁用组分是指不得作为化妆品原料使用的物质，主要包括两大类：一类是毒性和危害性大的化学物质及生物制剂等；另一类是毒性和危害性大的动、植物组分。

36
常见的化妆品禁用组分有哪些？

常见的化妆品非法添加的禁用组分有：汞、铅、糖皮质激素、抗生素（氯霉素、甲硝唑）、苯酚等。

汞、铅等重金属

汞、铅具有一定的美白效果，多被不法厂商添加到美白祛斑面膜或彩妆中，长期使用会导致慢性中毒，产生头痛、腹泻、贫血，并损害神经系统、生殖系统、心血管系统。

糖皮质激素

糖皮质激素主要作为药品如999皮炎平、氟轻松、艾洛松、皮康王等的活性成分，具有抑制炎症、缓解症状的作用。一些不良厂商将激素掺入嫩肤、美白的化妆品中欺骗消费者，消费者长期使用含有激素成分的化妆品，皮肤就会"上瘾"，产生激素依赖性反应，一旦停用，症状反而会加重。

抗生素

抗生素能杀灭细菌且对霉菌、支原体、衣原体等其他致病微生物也有抑制和杀灭作用。某些祛痘化妆品违规添加抗生素后，能起到一定的祛痘、消除红肿的"表面"效果。如果长期使用这种非法添加的化妆品，一方面可以诱导耐药菌株的出现，另一方面也可能造成皮肤的过敏或者药疹。

苯酚

苯酚是一种常见的化学品，是生产某些树脂、杀菌剂、防腐剂以及药物（如阿司匹林）的重要原料，用在药剂中可以治疗皮肤癣症、湿疹及止痒，但苯酚对人体皮肤及黏膜有腐蚀性，可抑制中枢神经或损害肝、肾功能，慢性中毒可引起头痛、头晕、咳嗽、食欲减退、恶心、呕吐，可以导致皮炎，严重可以致癌致畸。

37
为什么在化妆品中不得添加汞和铅等重金属？化妆品中若含有这些重金属对人体有什么危害？

重金属通常是指相对密度大于 $4.5g/cm^3$ 的金属，工业上划入重金属元素范围的有 10 种：铜、铅、锌、锡、镍、钴、锑、汞、镉和铋。其中毒性最大的是汞、铅、镉，有时也延伸到类金属砷。

我国严格禁止在化妆品中添加汞、铅、镉、砷这 4 种单质及其化合物。因为这些元素在体内的代谢速度较慢，如果长期使用含有它们的化妆品，这些元素就会在体内逐渐积累，久而久之，势必会导致蓄积性中毒，从而危害人体健康。有些化妆品会含有这 4 种元素，一方面是一些不法厂家人为非法添加这些重金属及其化合物，另一方面也可能是作为化妆品原料中的杂质所带来的。

《化妆品安全技术规范》规定了这 4 种元素的最大限度：汞为 1mg/kg，砷为 2mg/kg，镉为 5mg/kg，铅为 10mg/kg。如果化妆品中这 4 种元素的含量超过以上限值就是不合格产品，会有较大的安全隐患。

38
企业对化妆品的功效宣称是否经药品监管部门审批？

许多消费者认为化妆品的功效宣称也像药品、医疗器械的有效性一样，是经过药品监督管理部门的严格审评、审批的。实际上，我国和大多数国家一样，对大多数化妆品的功效宣称是不进行审评、审批的（例外是防晒、祛斑美白和防脱发产品，在产品注册时要分别对其防晒指数、祛斑美白功效和防脱发功效进行技术审评）。我国对化妆品注册或备案的技术审评重点是安全性。正因为如此，不少化妆品存在夸大功效宣称，甚至虚假宣传的行为。

《化妆品监督管理条例》规定，化妆品注册人、备案人对化妆品的质量安全和功效宣称负责。化妆品功效宣称应当有充分的科学依据。化妆品注册人、备案人应当在国务院药品监督管理部门规定的专门网站公布功效宣称所依据的文献资料、研究数据或者产品功效评价资料的摘要，接受社会监督。

为了避免被商家"忽悠"或者误导，消费者应增强对化妆品功效宣称的识别意识，在购买化妆品前，可通过国家药品监督管理局网站查看所购买化妆品功效宣称依据的文献资料、研究数据或者产品功效评价资料的摘要等，以此来判断该化妆品是否适合自己使用。

39
合格的化妆品标签一般含有哪些内容?

按照我国化妆品相关法规的规定，合格的化妆品标签应当标注下列内容:

（1）产品名称、特殊化妆品注册证编号;

（2）注册人、备案人的名称、地址，注册人或备案人为境外企业的，应同时注明境内责任人的名称、地址;

（3）生产企业的名称、地址，化妆品生产许可证编号（国产化妆品适用）;

（4）产品执行的标准编号;

（5）全成分（注：全部组成成分名称）;

（6）净含量;

（7）使用期限;

（8）使用方法;

（9）必要的安全警示;

（10）法律、行政法规和强制性国家标准规定应当标注的其他内容。

在此提醒消费者，在购买化妆品时如果发现其标签上缺少了以上某项内容，那么就应当怀疑该产品是非法产品。此外，我国还要求进口化妆品必须采用中文标签或加贴中文标签，且加贴的中文标签既要符合上述化妆品标签要求，还要与其外文内容保持一致。因此，消费者应当特别警惕那些在市面或网上采购到的仅有外文标签的产品。

40 化妆品标签禁止标注或宣称哪些内容？

《化妆品标签管理办法》规定，化妆品标签禁止通过下列方式标注或者宣称：

1. 使用医疗术语、医学名人的姓名、描述医疗作用和效果的词语或者已经批准的药品名明示或者暗示产品具有医疗作用。

2. 使用虚假、夸大、绝对化的词语进行虚假或者引人误解地描述。

3. 利用商标、图案、字体颜色大小、色差、谐音或者暗示性的文字、字母、汉语拼音、数字、符号等方式暗示医疗作用或者进行虚假宣称。

4. 使用尚未被科学界广泛接受的术语、机理编造概念误导消费者。

5. 通过编造虚假信息、贬低其他合法产品等方式误导消费者。

6. 使用虚构、伪造或者无法验证的科研成果、统计资料、调查结果、文摘、引用语等信息误导消费者。

7. 通过宣称所用原料的功能暗示产品实际不具有或

者不允许宣称的功效。

8　使用未经相关行业主管部门确认的标识、奖励等进行化妆品安全及功效相关宣称及用语。

9　利用国家机关、事业单位、医疗机构、公益性机构等单位及其工作人员、聘任的专家的名义、形象作证明或者推荐。

10　表示功效、安全性的断言或者保证。

11　标注庸俗、封建迷信或者其他违反社会公序良俗的内容。

12　法律、行政法规和化妆品强制性国家标准禁止标注的其他内容。

41
我国是否允许生产销售"药妆产品"?

　　世界大多数国家在法规层面均不存在"药妆产品"的概念。避免化妆品和药品概念的混淆，是世界各国（地区）化妆品监管部门的普遍共识。部分国家的药品或医药部外品类别中，有些产品同时具有化妆品的使用目的，但这类产品应符合药品或医药部外用品的监管法规要求，不存在单纯依照化妆品管理的"药妆产品"。但是有些国家允许化妆品和非处方药品（OTC）销售时放置在超市的同一区域，因此被误认为是"药妆"。

我国对化妆品和药品是严格区分管理的。药品是指用于预防、治疗、诊断人的疾病，有目的地调节人的生理机能并规定有适应症或功能主治、用法和用量的物质。《化妆品监督管理条例》规定化妆品标签禁止标注明示或者暗示具有医疗作用的内容；化妆品广告的内容也应当真实、合法，不得明示或者暗示产品具有医疗作用，不得含有虚假或者引人误解的内容，不得欺骗、误导消费者。

在我国不存在所谓的"药妆产品"，更不能生产销售"药妆产品"。

42 我国对化妆品集中交易市场开办者、展销会举办者有什么要求？

《化妆品监督管理条例》规定化妆品集中交易市场开办者、展销会举办者应当审查入场化妆品经营者的市场主体登记证明，承担入场化妆品经营者管理责任，定期对入场化妆品经营者进行检查；发现入场化妆品经营者有违反本条例规定行为的，应当及时制止并报告所在地县级人民政府负责药品监督管理的部门。

43
我国对化妆品的电子商务平台
经营者有什么要求？

《化妆品监督管理条例》规定电子商务平台经营者应当对平台内化妆品经营者进行实名登记，承担平台内化妆品经营者管理责任；发现平台内化妆品经营者有违反本条例规定行为的，应当及时制止并报告电子商务平台经营者所在地省、自治区、直辖市人民政府药品监督管理部门；发现严重违法行为的，应当立即停止向违法的化妆品经营者提供电子商务平台服务。

平台内化妆品经营者应当全面、真实、准确、及时披露所经营化妆品的信息。

44
我国对美容美发机构、宾馆
销售使用化妆品有什么要求？

美容美发机构、宾馆等在经营中使用化妆品或者为消费者提供化妆品的，应当履行《化妆品监督管理条例》规定的化妆品经营者的责任和义务。

应当建立并执行进货查验记录制度，查验供货者的市场主体登记证明、化妆品注册或者备案情况、产品出厂检验合格证明，如实记录并保存相关凭证；不得自行配制化妆品；应当依照有关法律、法规的规定和化妆品标签标示的要求贮存、运输化妆品，定期检查并及时处理变质或者超过使用期限的化妆品等。

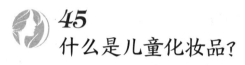

45
什么是儿童化妆品？

《儿童化妆品监督管理规定》明确儿童化妆品是指适用于年龄在 12 岁以下(含 12 岁)儿童，具有清洁、保湿、爽身、防晒等功效的化妆品。

标识"适用于全人群""全家使用"等词语或者利用商标、图案、谐音、字母、汉语拼音、数字、符号、包装形式等暗示产品使用人群包含儿童的产品按照儿童化妆品管理。

46
国家对儿童化妆品标签有什么要求？

儿童化妆品标签除了需满足国家对化妆品的标签要求外，还需满足以下要求：

儿童化妆品应当在销售包装展示面标注国家药品监督管理局规定的儿童化妆品标志，即小金盾标识。

儿童化妆品

儿童化妆品应当以"注意"或者"警告"作为引导语，在销售包装可视面标注"应当在成人监护下使用"等警示用语。

鼓励化妆品注册人、备案人在标签上采用防伪技术等手段方便消费者识别，选择合法产品。

47 儿童化妆品为什么要标识"小金盾"？小金盾的正确含义是什么？

2021年12月，国家药监局发布了儿童化妆品标志——"小金盾"，旨在提高儿童化妆品辨识度，保障消费者知情权。但是一些化妆品生产经营者在推销产品时，将"小金盾"标志与获得国家审批、质量认证等宣传用语相联系，有意混淆"小金盾"标志的含义。

《儿童化妆品监督管理规定》指出，儿童化妆品应当在销售包装展示面标注国家药监局规定的儿童化妆品标志（"小金盾"）。"小金盾"是儿童化妆品区别于成人化妆品、消毒产品、玩具等其他易混淆产品的区别性标志。非儿童化妆品不得标注这个标志。化妆品包装上标注"小金盾"，仅说明这个产品属于儿童化妆品，并不代表该产品已经获得监管部门审批或者质量安全得到认证。

我国对儿童化妆品实行严格监管，主要体现在对儿童化妆品的产品配方设计、安全评估、生产条件等方面提出更高的监管要求。儿童化妆品上市前，除防晒类产品须经注册外，其他类别产品须经备案。

儿童化妆品标志——"小金盾"，意在表达包括药品监督管理部门在内的社会各方共同努力，不断提升儿童化妆品的质量安全，为婴幼儿和儿童提供良好的成长环境，守护与关爱儿童健康成长。标志整体采用金色、盾牌造型，金色体现了儿童健康活泼、乐观阳光、积极向上的状态；盾牌代表了对儿童的守护与关爱，对违法违规产品的抵制，同时又增加了标志的辨识度；盾牌中心是儿童张开双手的形象设计，强调守护儿童健康成长的坚定决心。

依据国家药品监督管理局关于发布《儿童化妆品监督管理规定》的公告，自 2022 年 5 月 1 日起，申请注册或进行备案的儿童化妆品，必须标注"小金盾"；此前申请注册或进行备案的儿童化妆品，未按照规定进行标签标识的，化妆品注册人、备案人应当在 2023 年 5 月 1 日前完成产品标签更新。这表明，标注"小金盾"的儿童化妆品将越来越多的出现在市场上；2023 年 5 月 1 日后生产或者进口的儿童化妆品将全部标注"小金盾"。

请消费者在选购儿童化妆品时，关注"小金盾"标志，同时也正确理解"小金盾"的含义。

48
国家对儿童化妆品的配方有什么要求？

儿童化妆品配方设计应当遵循安全优先原则，功效必需原则，配方极简原则：

1 应当选用有较长期安全使用历史的化妆品原料，不得使用尚处于监测期的新原料，不允许使用基因技术、纳米技术等新技术制备的原料，如无替代原料必须使用时，需说明原因，并针对儿童化妆品使用的安全性进行评价。

2 不允许使用以祛斑美白、祛痘、脱毛、除臭、去屑、防脱发、染发、烫发等为目的的原料，如因其他目的的使用可能具有上述功效的原料时，需对使用的必要性及针对儿童化妆品使用的安全性进行评价。

3 儿童化妆品应当从原料的安全性，稳定、功能、配伍等方面，结合儿童生理特点，评估所使用原料的科学性和必要性，特别是香精香料、着色剂、防腐剂及表面活性剂等原料。

49
我国对儿童化妆品经营者有哪些要求？

化妆品经营者应当建立并执行进货查验记录制度，查验直接供货者的市场主体登记证明、特殊化妆品注册证或普通化妆品备案信息、儿童化妆品标志、产品质量检验合格证明并保存相关凭证，如实记录化妆品名称、特殊化妆品注册证编号或普通化妆品备案编号、使用期限、净含量、购进数量、供货者名称、地址、联系方式、购进日期等内容。

化妆品经营者应当对所经营儿童化妆品标签信息与国家药品监督管理局官方网站上公布的相应产品信息进行核对，包括：化妆品名称、特殊化妆品注册证编号或普通化妆品备案编号、化妆品注册人或者备案人名称、受托生产企业名称、境内责任人名称，确保上述信息与公布一致。

鼓励化妆品经营者分区陈列儿童化妆品，在销售区域公示儿童化妆品标志。鼓励化妆品经营者在销售儿童化妆品时主动提示消费者查询产品注册或者备案信息。

50
我国对线上儿童化妆品经营者有什么要求？

线上儿童化妆品经营者除了需要满足化妆品经营者的

要求外，还需要满足以下要求：

电子商务平台内儿童化妆品经营者以及通过自建网站、其他网络服务经营儿童化妆品的电子商务经营者应当在其经营活动主页面全面、真实、准确披露与化妆品注册或者备案资料一致的化妆品标签等信息，并在产品展示页面显著位置持续公示儿童化妆品标志。

51 面膜类化妆品能不能宣称"医学护肤品"？

面膜类化妆品是指涂、抹或敷于人体皮肤表面，经一段时间后揭离、擦洗或保留，起到护理或清洁作用的化妆品，不仅包括面贴膜，还包括眼膜、鼻膜、唇膜、手膜、足膜、颈膜等，近几年受到了消费者的青睐，已成为一个重要的化妆品剂型。

根据风险程度，面膜类化妆品在监管上分为两类：一类是按照特殊化妆品管理的面膜，主要是宣称具有祛斑美白等特殊功效的产品，应当在上市前取得注册证书；另一类是按普通化妆品管理的面膜，是指宣称具有保湿、清洁、滋养等一般功效的产品，应当在上市前向监管部门备案。

根据《化妆品监督管理条例》等法律法规规定，化妆品不得宣称具有医疗作用，其标签或宣传材料不得有明示或者暗示产品具有医疗作用的内容，因此将面膜产品称之为"医学护肤品""药妆"产品等均是违法行为。

选购使用篇

52 选购化妆品时应注意哪些问题？

消费者在选购化妆品时应本着安全第一的原则，注意如下事项：

（1）尽量通过合法的经营渠道选购化妆品；

（2）购买化妆品时要先检查包装上的标签内容是否合法和齐全，尤其要关注是否是"三无"产品（即无注册人或备案人名称、无明确的生产厂商和生产许可证号、无生产日期和使用期限）；

（3）查看产品说明书，特别关注其组成成分中是否含有自己曾经过敏的成分；还要关注产品是否已超过或接近使用期限；

（4）应对护肤品的效果有客观的预期，警惕宣称短期内产生神奇美容效果的产品。这种产品要么是企业的夸大宣传，名不副实，要么有可能添加了重金属、激素、抗生素等禁用成分；

（5）尽可能根据自己的皮肤特点和季节变化选购化妆品；

（6）购买化妆品时一定要遵循"一看、二闻、三试用"的环节，尤其购买的是新产品，试用是购买产品最有效的方法。

53
如何根据产品外观选择化妆品？

在选择化妆品时，可以根据外观作一些初步的判断。例如：

（1）膏霜乳液类产品，膏体应细腻、光亮、色泽均匀、香味纯正、无气泡、无斑点、无干缩和破乳现象。

（2）化妆水，透明型化妆水，应清澈透明，无悬浮物，无混浊，无沉淀现象。

（3）凝胶（啫喱）类产品，应晶莹、剔透、无杂色。

（4）泡沫洁面乳，膏体应细腻，挤出少量加水揉搓后，能立即产生乳脂般细密的泡沫，洁面后皮肤应感觉清爽、洁净，无紧绷感。

54
如何看懂化妆品成分表？

《化妆品标签管理办法》规定，化妆品标签应当在销售包装可视面标注化妆品全部成分的原料标准中文名称，以"成分"作为引导语引出，并按照各成分在产品配方中含量的降序列出。化妆品配方中存在含量不超过0.1%（W/W）的成分的，所有不超过0.1%（W/W）的成分应当以"其他微量成分"作为引导语引出另行标注，可以不按照成分含量的降序列出。以复配或者混合原料形式进行配方填报的，应当以其中每个成分在配方中的含量作为成分含量的排序和判别是否为微量成分的依据。

我们在看化妆品标签上的全成分列表时，应当注意组成成分排名的先后顺序只代表在化妆品中的含量高低，并不代表它们所起作用的重要性。例如，水和其他的一些物质如甘油、丁二醇等，都是常用的溶剂，它们除了基本的保湿作用以外，更多的是帮助分散和溶解化妆品中的有效成分，帮助这些有效成分接触到我们的皮肤或者毛发，以发挥作用。很多有效成分的含量可能不如水等溶剂高，成分表中排位在水之后，但是它们却是化妆品发挥功效的重要成分。

55 选购化妆品时的常见误区有哪些？

1 **盲目追求名牌产品**

很多消费者对于名牌产品有盲目崇拜心理，在选购产品时主要根据产品是否名牌来选购，往往忽视了产品的安全性和对自己的适用性。

2 **过分信赖广告宣传**

化妆品行业是最依赖广告的行业，但是化妆品广告中往往存在很多名不副实的扩大或误导宣传，尤其是在功效宣称方面。如果过分相信广告，就容易落入商家的陷阱，要么买到价高质次的产品，要么买到不完全适合自己皮肤特点的产品。

3 过分相信他人推荐

不同的人肤质存在较大差别，适合他人的不一定适合自己。因此对他人（商家或朋友）的推荐要有怀疑意识。最好根据自己的肤质特点、年龄及护理目的有针对性的选购。

4 高频率更换化妆品

有的人喜欢频繁地更换化妆品品牌，实际上如果你已经使用的化妆品效果肯定，而且没有出现明显的不适，最好不要频繁更换。频繁更换会使你的皮肤一直处于适应状态，不利于皮肤养护，而且可能会让你更多的暴露在未知化妆品的安全风险中。当然，如果你所使用的化妆品已经出现了不良反应等问题，或者已看到报道指出其存在安全风险，那就要坚决更换。

5 从非正规渠道购买产品

国家对于正规销售渠道的商品会开展抽样检验或风险监测，产品的质量安全相对有保证。而在微店、境外代购、美容机构等非正规渠道购买的化妆品，由于属监管薄弱地带，因此往往存在更大的安全风险。对某些"网红"直播带货的产品，更要保持警惕。盲目追星或崇拜"网红"的冲动消费、激情消费，很可能会让你付出高昂的代价——不仅是金钱上的，还可能是健康上的。

6 **从不阅读化妆品标签**

很多消费者在购买或使用化妆品时很少关注产品标签上的内容，而是单纯听从销售者的推荐。实际上，化妆品标签包含有很多信息，既有监管方面的，例如化妆品注册人、备案人及注册备案信息、生产企业和地址，这些直接关系到你所购买的产品是否合法合规；也有化妆品使用方面的，例如含有的主要成分、化妆品的正确使用说明、化妆品的使用期限等，这些信息直接关系到你是否适合使用或如何正确使用该化妆品。因此要养成在选择或使用化妆品前认真阅读标签的习惯。

7 **贪图便宜购买大量的打折或即将过期的化妆品**

化妆品有使用期限，在超过期限时就不应再使用。如贪图便宜购买了大量打折或其他促销的化妆品，这样只会给你带来表面上的省钱、实际上的浪费，甚至因为使用过期变质化妆品带来安全隐患。

56
什么是好的化妆品？化妆品越贵就越好吗？

如何对化妆品的"好"进行定义呢？首先，好的化妆品必须是安全的产品。为此，要尽量选择合法经营，信誉比较好的产品。其次，好的化妆品应适合自己的皮肤。要根据自己肤质的类型，例如干性、油性、混合性等来选择化妆品。第三，好的化妆品需要正确使用。使用时间、使用频次、使用量的不同往往会导致使用效果的很大不同。最后，好的化妆品应当价格适中，是自己经济能力能够承担的。

对价格昂贵的化妆品，消费者应当有客观清醒的认识。有些化妆品卖得贵，的确是由于其品牌商家存在良好的商誉和技术管理实力，用于产品研发、生产技术和质量管理的投入较高，因此在产品的质量安全性上存在明显的优势。但是有相当多的化妆品之所以卖得贵，是因为他们热衷于请名人或明星做广告、在精美包装上做文章，其在促销广告上的投入远远超过其生产和研发的投入，那么这样的产品很难说越贵越好。

选购使用篇

57 网购化妆品时需要注意哪些问题？

（1）首先应选择到正规合法的电商平台购买化妆品。

（2）要认真查看产品标签，不购买无中文标签或标签信息不完整的化妆品。

（3）不盲目轻信电视、互联网、自媒体上的广告和宣传。

（4）电商平台上与市场价格相比明显过低的产品，要谨慎购买。

（5）要注意索要发票和保存电子购物凭证。

（6）买到化妆品后首先要看一下化妆品外观包装标签是否完整，开盖后闻一下化妆品的气味，如闻到刺激性、发霉等异味，应怀疑产品有质量问题，要第一时间申请退货。

58 消费者买到假货该怎么办？

不管是在线上还是线下购买化妆品，如果怀疑是假货，应当注意以下事项：

（1）保留有效证据。包括购货小票或发票等购买记录、商品外包装，对所购商品多个角度进行拍照，如果是网购，要保留订单信息、电商宣传页面截图。

亲，是正品哦

（2）与商家协商沟通并保留相关证据。在与商家沟通时，应当向商家表明所购商品是假货的理由，并与商家协商赔偿事宜。要注意保留与商家沟通的证据，以备投诉时使用。

（3）向零售商或电商经营者投诉。如果退货或者赔款要求与商家未达成一致，可向商场超市经营方或电商平台进行投诉。

（4）向市场监管部门或消费者协会投诉。如果涉嫌严重人身伤害或案值较大的假货，消费者可向当地法院起诉。

59
美容机构使用销售的化妆品安全吗？

相信很多女士在美容美发机构都有被店家推荐、劝说而使用或购买化妆品的经历。这些化妆品常常被宣称：来自国外专业机构、由面向高端人群的高科技人员设计、特别适合你的皮肤或秀发、作用非常显著等。被推荐的化妆品一般包装豪华，全外文标识，常见的是英文、法文、日文或韩文，当然价格不菲，且在市场上一般很难见到。那么这些化妆品一定比其他销售渠道购买到的更好、更安全吗？

答案是未必。美容机构的化妆品与市场上的化妆品的销售渠道是不同的，一般是从生产厂家到代理商，再到美容美发机构，也有生产厂商直销到美容美发机构的。部分不良厂商通过这种方式将包装精美但实际质劣甚至非法产品直接提供给美容机构，不良美容机构在利益的驱使下往往会再以昂贵的价格推荐给顾客使用或购买，顾客往往付出了更高的价格，却使用了低质且安全风险高的产品。所以女性朋友在美容机构消费时要提高自我防范意识。

60
在美容美发机构购买使用化妆品需注意什么？

在美容美发机构使用或购买化妆品应当注意以下事项：

一是不要仅片面听信美容美发机构人员的推荐，应要求店方提供化妆品的原始包装、标签、说明书，并认真查看，辨别是否是经药品监督管理部门正式注册、备案后合法上市的产品。也可通过"化妆品监管 APP"或国家药品监督管理局官网（www.nmpa.gov.cn）查询相关产品信息，判断其合法性，避免买到非法产品。

二是拒绝购买或使用"三无"产品以及美容美发机构自行配制或分装的产品，避免购买使用仅有外文标签的产品。

三是索要、保留在美容美发机构购买使用化妆品的票据，以便在发生安全问题时作为保护自身权益和依法索赔的证据。

四是建议消费者自带从正规渠道选购的化妆品，在美容美发机构使用。

61
使用厂商在商场、展销会上免费赠送试用的化妆品时应注意什么？

一些厂商会在超市、商场、展销会上给顾客免费赠送试用的化妆品。其目的是促销吸引消费者，推广新产品，还有可能是要尽快处理掉临近使用期限的产品。要知道"没有免费的午餐"，广大消费者在接受并使用这类产品时需持谨慎态度，首先要检查化妆品是否有正规包装，包装上是否有中文标签，标签内容是否合法齐全，尤其关注是否是三无产品，是否已过期或接近过期产品。其次在使用过程中，如果出现不良反应应立即停用，保留相关证据，向商场、展销会举办者和赠送化妆品的经营者进行投诉索赔。

62
如何安全使用化妆品？

◁)) 使用前认真阅读化妆品标签

重点关注产品成分中是否有自己过敏的成分、产品的正确使用方法、产品是否已过有效期，如果标注有开盖后使用期限的，应当按照使用期限内使用。

◁» 不能使用过期或变质的化妆品

过期或变质的化妆品会出现诸如外观颜色灰暗浑浊，会出现深浅不一致，甚至有絮状、丝状或绒毛状蛛网，有时还有怪味或臭味等异常现象，是被细菌二次污染的特征。这种污染的化妆品十分危险，涂到皮肤上，所含的大量细菌会感染皮肤，引起感染性皮肤病。

◁» 首次使用化妆品应做安全性测试

具体方法是：把少量化妆品涂抹在耳后、肘关节内侧等部位，保持 24~72 小时，如果这个部位没有出现不适症状，表示是可以使用在脸部的；如果出现红肿、刺痛等症状，则表示此种化妆品不适合你。

63
如何合理使用护肤品？

女性通常使用的基础护肤品有爽肤水、乳液、眼霜、精华素、营养霜等。这些涂在脸上的护肤品，所有的营养都能被皮肤的真皮层吸收吗？当然不能。护肤品成分大多只能达到皮肤的表皮层，而渗透到真皮层的量很少。

那么余下的化学成分都跑到哪里去呢？它们有可能会附在毛孔表面，堵塞毛孔，妨碍皮肤的正常呼吸，进而产生皮肤问题。所以基础护理品不建议涂太多，要尽量保证不妨碍皮肤的正常呼吸。同时建议根据季节变更而转换护肤品的剂型，以适合肌肤对油分的需求变化，例如春夏选择质地比较轻盈的乳液 / 凝露 / 凝乳状产品；秋冬天气寒冷干燥，可以相应选择质地比较厚重的霜状产品。

64
有的化妆品中含有甲醛，还能放心使用吗？

提到甲醛，大家不由得都会皱起眉头，认为对人体有害。其实甲醛是防腐剂"家族"的一员。化妆品中富含蛋白质等营养成分，易受微生物污染，适当地添加防腐剂对于保持化妆品的性质稳定、保护消费者健康十分重要。

我国对化妆品中作为防腐剂使用的甲醛有严格限制，并且禁用于喷雾产品和眼部产品。此外，当成品中甲醛总量超过 0.05% 时，必须在产品标签上标印"含甲醛"。通过严格限制使用量、严格要求标签标识等措施，以降低化妆品中甲醛对人体的健康影响。只要厂商遵循国家的法律法规，把甲醛及甲醛释放体类防腐剂的用量控制在安全剂量范围内，就可以保证消费者的使用安全，消费者不必为此过度担忧。

如果是正常肤质，可以放心选购市面上符合法规要求的化妆品。如果已明确对甲醛过敏，或者属于敏感肤质，建议选择不含甲醛以及甲醛释放体类防腐剂的化妆品。

65
使用化妆品时常见的不良习惯有哪些？

有时候消费者购买了一款价格不菲、自觉中意的化妆品，但由于使用和保存方法不当，也会造成使用效果大打折扣的现象。不良使用习惯主要表现如下：

◁)) 不注意化妆品使用期限

一般情况下，人们认为产品开封后，只要没过保质期，就不影响产品质量。实际上，保质期是指在适当的条件下，未打开包装时的使用期限。产品一旦开封，就应当尽快使用。一般来说，膏、霜和蜜类化妆品应尽可能在开封后一年内用完；活肤、养肤类产品最好在半年内用完。否则，即便在保质期内，如继续使用，效果也会大打折扣。

◁)) 将取出容器的过量化妆品放入容器内

为了避免浪费，把取出容器的过量化妆品又放入原容器内，这是很多消费者容易犯的错误，这样容易给容器内的化妆品带来污染，从而加快了化妆品的腐败变质。

◁)) 不合理清洁皮肤

有的消费者，例如皮脂分泌较多或患有痤疮的消费者，出于改善皮肤油腻状况的想法，过度频繁使用皮肤清洁剂，反而刺激油脂过度分泌，不利于皮肤改善和痤疮康复。还有的消费者，清洁皮肤时间过短，达不到清洁目的。

66
怎样判断化妆品是否变质？

化妆品成分复杂，保存不当或存放过久，易滋生微生物造成化妆品的污染与变质。变质化妆品极易刺激皮肤或导致皮肤过敏，给人体健康带来极大安全隐患。判断化妆品是否变质，可从以下几方面加以鉴别。

闻气味

化妆品的香味无论是淡雅还是浓烈，都应十分纯正。而变质的化妆品散发出的怪异气味则会掩盖其原有的芳香，或是酸辣气或是甜腻气或是氨味，非常难闻。通常，营养类化妆品容易出现变味现象，如人参霜、羊胎素等。

看颜色

合格化妆品的色泽自然、膏体纯净，彩妆化妆品则色泽艳丽悦目。变质化妆品的颜色灰暗，深浅不一，甚至出现混浊或有异色斑点或变黄、发黑。有时甚至出现絮状细丝或绒毛状蛛网，此时，说明化妆品已被微生物污染。一些有特殊功效的化妆品易出现变色问题，如粉刺霜、抗皱霜等。

变质的膏霜化妆品，质地会变稀，肉眼可看到有水分从膏霜中溢出。由于很多化妆品中一般都含有淀粉、蛋白质及脂肪类物质，过度繁殖的微生物会分解这些物质，使原来包含在乳化结构中的水分析出，破坏化妆品原有的乳化状态。有时即使在无菌状态下，如长时间的过度受冷或者受热，化妆品也会出现油、水分离现象。另外，变质的膏霜膏体也可能会出现膨胀现象，这是由于微生物分解了产品中的某些成分而产生的气体所致；严重时，产生的气体甚至会冲开化妆品瓶盖，使化妆品外溢出来。

看质地

合格的化妆品涂抹在皮肤上会感觉润滑舒适、不黏不腻。变质的化妆品涂抹在皮肤上则会感觉发黏、粗糙，有时还会感觉皮肤干涩、灼热或疼痛，常伴有瘙痒感。

凭触感

67
使用化妆品后不及时卸妆会带来哪些危害？

很多消费者对于卸妆的重要性认识不足，经常会不及时卸妆和带妆入睡。殊不知，这样久而久之，会给我们的肌肤带来很大的危害，如可产生皮肤粗糙和衰老等问题。化妆品中的化学成分特别是粉质类成分，既可以在皮肤表面上形成覆盖层，以起到遮盖瑕疵修正肤色的作用，但也会堵塞毛孔，影响皮肤呼吸。如果夜晚睡眠前不卸妆，将会使皮肤毛孔始终处于不能自由呼吸的状态，导致毛孔变得粗大、加速皮肤衰老，也使面部皮肤变得松弛晦暗，甚至滋生痘痘、毛孔发炎等问题。

喜欢使用眼影膏（粉）、睫毛膏等产品的女性朋友，如果入睡前不及时卸妆，眼影膏（粉）可能会影响眼部皮肤的健康，睫毛膏长时间凝聚在睫毛上会导致睫毛的脱落，还有可能会刺激眼睛导致眼疾发生。

应当强调的是，无论浓妆还是淡妆都应当要及时卸妆。即使不化妆的朋友，也有必要养成睡觉前清洁皮肤的良好习惯。

68 日霜和晚霜有什么区别？两者可以混用吗？

护肤膏霜有日霜和晚霜之分，很多消费者并不清楚两者有何区别，因此在使用时会不加区分，甚至混用。护肤膏霜被设计为日霜和晚霜两种不同的产品，主要是因为皮肤白昼与夜晚所处的环境以及皮肤的状态不同，日霜、晚霜的作用也不同。

☀ 日霜

日霜在护肤的同时偏重于隔离效果。因为日霜在白天使用，皮肤会受到紫外线的辐射以及彩妆产品或其他污染物的侵蚀。所以，日霜在发挥润肤以及修护皮肤作用的同时，最大的功能就在于可以防御环境因素（如紫外线辐射、空气污染等）以及彩妆产品对肌肤的损害。目前市售的日霜中大都含有防晒剂和遮盖成分，注重防护、隔离功能，适合白天使用。

☽ 晚霜

晚霜功能的重点在于修护和滋养。其中所含有的丰富的营养及功效性成分能够滋养皮肤，加速皮肤的新陈代谢，恢复皮肤的健康状态，使皮肤更加紧致和细腻，这些都是日霜达不到的效果。同时为了提高晚霜修护的目的也有可能会添加一些光敏感性成分，在白天使用效果可能会适得其反。

由此可见，日霜和晚霜一定要区分使用，尤其是超过25岁的女性更应特别注意，因为女性自25岁之后，皮肤就开始走向衰老，所以应重视夜晚皮肤的养护，选择适宜的晚霜，不能用日霜代替，同时，有些日霜含有的防晒剂也会对皮肤造成不良的影响。

69
如何正确使用化妆水？

使用化妆水，可采用下列三种方法之一。

（1）将适当的化妆水直接涂抹或喷至皮肤表面后，用指尖轻轻拍打，促其吸收；

（2）把化妆水倒在或喷至化妆棉上，贴在面部，待15~20分钟后揭开，但一定要保持化妆棉始终处于湿润状态；

（3）如果在空调等干燥环境中，可直接将化妆水喷在面部，数秒钟后用纸巾吸干剩余水分。

70
皮肤敏感者在选用化妆品时应注意什么？

敏感性皮肤往往对很多化妆品不耐受。因此，最好选择专为敏感性皮肤设计的化妆品，其含有的活性成分作用往往比较温和，不含有或仅含有微量的香精、乙醇等刺激性成分。不宜选用含有动物蛋白的面膜、营养霜等产品，也不宜选用具有深层洁肤作用的磨砂膏、去死皮膏以及撕拉性面膜等产品。

具有敏感性皮肤的人在使用化妆品时应特别关注产品使用说明，避免由于使用方法不当对皮肤造成不良影响。

此外，敏感性皮肤人群更换化妆品时也应慎重，忌频繁更换化妆品品牌。对首次使用的化妆品应先做皮肤试验，方法是：在前臂内侧涂抹少量受试产品，每天涂抹 2 次，连续 7 天左右，若未发生过敏反应，方可使用。

71
皮肤敏感者如何使用洁面乳和其他清洁产品？

适度的清洁是敏感性皮肤保养的重点。皮肤敏感者在使用洁面乳等清洁产品时，应注意以下几点：

（1）清洁时水温的选择很重要，因为敏感性皮肤不能耐受冷热的刺激，所以，在洁面及淋浴时，水温需接近皮肤温度为好。

（2）不宜频繁使用清洁类产品，以免破坏原本就很脆弱的皮脂膜，一般每天或间隔数天使用一次清洁产品，每周使用 1~2 次沐浴产品。

（3）具体可根据所处环境、季节以及个体情况适当加减，谨防清洁过度。

72
如何选购儿童化妆品？

儿童化妆品是指适用于年龄在 12 岁以下（含 12 岁）儿童，具有清洁、保湿、爽身、防晒等功效的化妆品。其中清洁类及爽身产品居多。如儿童香皂、浴液及香波、痱子粉、爽身粉、花露水等。由于儿童皮肤特别柔软娇嫩，在化妆品的选择上，除应考虑对皮肤、眼睛没有毒性外，还应确保产品的低刺激性。

选择儿童用化妆品的原则

①尽量购买专业、正规的儿童化妆品厂商生产的产品，同时，尽量购买成熟产品、老品牌产品，因为这样的产品已经经过较长时间的市场验证，安全性更高一些。

②尽量购买配方组成比较简单，不含香料、酒精以及着色剂的产品，以降低产品对宝宝皮肤产生刺激的风险。

③尽量购买小包装产品：由于儿童护理品每次用量较少，一件产品往往需要相当长的时间才能用完，所以尽量选购保质期长且包装较小的产品。

④选用儿童不易开启或弄破包装的产品，以防摄入或吸入有害物质。

提醒孩子家长注意的3个细节

①在给宝宝使用一种新的化妆品前，最好先给宝宝做个"皮试"。操作方法是：在宝宝前臂内侧中下部涂抹一些所试产品，若是沐浴露，则需要稀释后再涂抹，每天涂一次，连续3~4天，如果宝宝没有出现红疹等过敏现象，就可以进一步使用了。

②宝宝护肤品的牌子不宜经常更换，这样宝宝的皮肤便不用对不同的护肤品反复做出调整。

③不要让孩子随意用成人的化妆品，因为成人的化

妆品中可能会添加一些功能性成分，如美白、抗衰老等成分，这些成分会对儿童娇嫩的肌肤产生较大的刺激，可能会对孩子的皮肤造成伤害。

73
如何直观识别是否为儿童化妆品?

根据《儿童化妆品监督管理规定》的规定，儿童化妆品应当在销售包装展示面标注国家药品监督管理局规定的儿童化妆品标志，即小金盾图案。该规定自 2022 年 5 月 1 日起首先适用于新注册或备案的儿童化妆品，2023 年 5 月 1 日后，适用于所有儿童化妆品，因此在购买生产日期为 2023 年 5 月 1 日后生产的儿童化妆品时，可通过是否标志该图案来识别是否为儿童化妆品。

74
所谓"无香"婴幼儿护肤品真的安全吗?

市场上有商家炒作"无香"婴幼儿护肤品，似乎给人的印象是"无香"就是安全的。实际上，是否含有香精、是否有香味并不能作为评判婴幼儿护肤品安全与否的标准。

首先，化妆品中含有香精并不意味着产品是不安全的。香精是否安全，取决于香精的组成成分的类别和添加量，只要其种类和添加量在国家规定允许的范围内，一般是安全的。

其次，单从嗅觉上判断，也不能完全确定化妆品是否含有香精。有的护肤品添加了香精，但依然嗅不到香味，而有的没有添加香精，却有香味，这是由护肤品的整体原料特性带来的。

75
所谓无防腐剂的婴幼儿护肤品真的就好吗？

有些防腐剂的确可能会产生致敏性，尤其对皮肤稚嫩的婴幼儿而言。因此，许多家长认为添加了防腐剂的产品会严重伤害婴幼儿，而去片面选择不含防腐剂的产品。

实际上不含防腐剂的产品少之又少。因为防腐剂的作用是抑制微生物的繁殖，保证产品不受微生物的污染而变质，降低因微生物而引起人体过敏的可能性。只要其含量在国家相关规定要求的范围内，就不必过度担心安全性问题。而且被细菌污染的护肤产品用在婴幼儿皮肤上，有时候其危害作用比防腐剂本身带来的影响更大。

76
存在"消字号"婴幼儿和儿童化妆品吗？

近期媒体报道儿童使用 XX 抑菌膏、XX 抑菌霜等"消"字号产品后，出现了发育迟缓、多毛、脸肿大等症状。据查，问题儿童抑菌膏霜打着"消"字号的"旗号"，非法添加抗生素、抗真菌药物、激素等物料。很多人把这种"消"字号膏霜产品误认为是化妆品，其实"消"字号，"械"字号产品都不属于化妆品。

"消字号"产品是指卫生消毒类产品，其许可证发放与管理是由省级以下卫生行政部门负责，这类产品要求的报批资料少、报批时间短，一般仅关注抑菌指标。所以有的厂家打擦边球，在该类产品中恣意添加抗生素、抗真菌药物、激素，蒙骗不了解情况的消费者作为化妆品使用。实际上在"消字号"产品中添加抗生素、抗真菌药物、激素等成分也是违法的，明显违反国家《消毒产品生产企业卫生规范》。

在儿童膏霜产品中非法添加抗生素、抗真菌药物、激素等成分后，给出现湿疹、疹子等皮肤问题的孩子使用可能会使家长看到"立竿见影"的效果，但长期使用这类产品会对孩子的皮肤甚至其他组织或脏器造成严重的伤害。

建议家长在发现婴幼儿和儿童出现湿疹、疹子等问题时应及时带孩子就医，在皮肤科医师的指导下选择适宜的治疗药品，而不要自己选择上述产品，以免使用效果适得其反。

77
成年人使用儿童化妆品更好吗？

国家对儿童化妆品的原料要求更高，所使用的防腐剂、香精、表面活性剂的安全性更有保证，因此对皮肤产生刺激的可能性大大低于成人化妆品。

成年人常常由于某些原因出现刺痛、瘙痒等皮肤敏感的情况，使用儿童化妆品是否能缓解这些症状呢？皮肤呈现敏感状态时，说明皮肤的屏障功能也处于受损状态。此时，选择合适的润肤霜来增加皮肤角质层的水分、促进皮肤屏障功能的恢复是非常重要的。这种情况下选择的润肤霜应具有"刺激性小、安全性高"的特点，避免加重皮肤屏障的损伤程度。儿童润肤霜成分上更加安全、刺激性更小，选择合适的儿童润肤霜来缓解皮肤敏感是非常合适的。

没有皮肤敏感状况的成年人是不是也可以使用儿童化妆品呢？在保湿和清洁效果上，儿童化妆品的功能和成人化妆品没有太大差别。满足日常的清洁和保湿等基本需求时，可以使用儿童化妆品。但是，儿童化妆品不允许有祛痘、美白、祛斑等功效，如果有这些方面的需求消费者仍应选择成人化妆品。

78
孕妇选择化妆品时应注意什么？

孕妇在选择化妆品时，应关注化妆品成分表中的成分，尽量选择不含有或仅含有微量香精及防腐剂的产品，以降低对胎儿产生不良影响的风险。一般情况下，女性在妊娠期间护肤以清洁、基础护理为主，不宜化妆，更不宜化浓妆。

孕妇最好避免接触和使用以下几类化妆品：

✎ 染发产品

染发产品不但会对孕妇产生不良影响，容易致敏，甚至有致癌的风险，而且还有可能导致胎儿畸形。所以孕妇在妊娠期间不宜染发。

✎ 冷烫精

烫发所用的冷烫精会影响体内胎儿的正常生长发育，也会导致孕妇脱发，个别孕妇还可能会出现过敏反应。

✎ 口红

口红是由各种油脂蜡类原料、颜料和香精等成分组成，其中油脂蜡类原料覆盖在口唇表面，极易吸附空气中飞扬的尘埃、细菌和病毒，经过口腔进入体内，此时一旦孕妇抵抗力下降就会容易生病。其中有毒有害物质以及细菌、病毒还可能通过胎盘屏障，对胎儿造成伤害。同时，口红中的颜料也可能会引起胎儿畸形。

✎ 指甲油

目前市场上销售的指甲油大多是以硝化纤维素作为成

膜材料，配以丙酮、乙酸乙酯、乙酸丁酯、苯二甲酸等化学溶剂、增塑剂及各色颜料而制成。这些化学物质对人体有一定的毒害作用，日积月累，对胎儿的健康会产生不良影响，容易引起孕妇流产及胎儿畸形。

✎ 芳香类产品

包括香水、精油等，其散发香气的香料成分有可能会导致孕妇流产。

✎ 美白祛斑类产品

女性在妊娠期间会出现面部色斑加深的现象，一般情况下这是正常的生理现象而非病理现象，孕妇此时切不可选用美白祛斑产品，否则，不但达不到理想的祛斑效果，还会影响自己和胎儿的健康。有些不合格祛斑霜中含有铅、汞等重金属，甚至违法添加某些激素等有害物质，不但会对孕妇自身健康产生影响，还会影响胎儿的生长发育，甚至有可能出现胎儿畸形的风险。

✎ 脱毛膏

化学性脱毛霜中的脱毛成分可能会影响胎儿的生长发育。

79
染发产品使用前为什么要做预警测试？

为了保证安全，消费者拟使用一种未使用过的染发产品前需要进行过敏预警测试。具体的测试方法和注意事项应参照染发剂产品包装上的标注，严格按标注的操作方法进行预警测试。通常，染发剂的生产商一般会建议在染发前至少48小时进行预警测试，以确保有充分的时间让身体的生物机制发挥作用。消费者在确认未出现不良反应后，才能进行染发操作。如果出现刺痛、灼烧、皮疹、肿胀等，则不要再使用该染发产品，即使以前使用过该产品也不建议使用。

消费者在出现问题时，可以联系该产品的生产商进行咨询，也可以咨询专业的皮肤科医师，必要时进行斑贴测试，帮助确定导致发生不良反应的成分。明确过敏原之后，消费者应避免使用任何含有这种成分的产品。

80
染发类产品是否可以用于身体的其他部位，如睫毛、眉毛、胡须等？

染发剂仅是用来染头发的，不适用于身体其他部位毛发如睫毛、眉毛、胡须等的染色。如在眼部或下巴区域使用，一是难以避免产品不慎入眼、入口的风险，二是这些部位的皮肤与头皮结构不同，可能会发生更剧烈的刺激性反应。

81
染发时为什么要戴塑料手套?

为防止使用者手掌、手指、指甲被染色，请务必戴上染发类化妆品包装中提供的塑料手套。同时，使用手套也是为了降低染发剂在皮肤上的暴露，从而尽量减少潜在的不良反应发生的风险。

82
染发时为什么要按照产品说明书注明的时间进行?

染发应当严格遵循产品说明书上注明的时间进行，因为该时间是经过厂家研究测试确定的最适宜时间。如果不按照使用说明的要求自行延长染发时间，可能会影响最终的染发效果。而且，头发暴露在染发剂中的时间延长，可能会对头发的自然结构和强度产生一定的影响，同时增加了头皮接触染发剂发生不良反应的风险。

83
染发过程中头发的颜色逐渐发生变化正常吗?

不必担心，这是正常的。染发时，在一段时间内活性染发剂不断氧化，在头发上逐渐演变成所需的颜色。

84
为什么染发产品不适合儿童使用？

常用的染发产品中含有对苯二胺、对氨基苯酚、间苯二酚等芳香族化合物或过氧化氢、过硫酸铵等物质，对皮肤有明显的刺激性、毒性和致敏性等，甚至可能会引起某些敏感个体急性过敏反应，如皮肤炎症、哮喘、荨麻疹，严重时会引起发热、畏寒、呼吸困难等。

因为儿童各种器官尚未发育完全，大脑皮层比较稚嫩，对化学物质的刺激更敏感，所以儿童使用染发产品可能会冒更大的安全风险，因此不建议给儿童染发。

85
脱发的原因有哪些？防脱发化妆品的作用是什么？

正常人毛发的生长、退化和休止同时发生。人的头发数量为 10 万 ~15 万根，正常人每日可脱落 50~100 根头发，同时也有等量的头发再生。人们在梳理、清洁头发时，由于牵拉会导致已处于休止期而尚未脱落的头发脱落。如果每天脱落数目比通常要多，则会使头发逐渐变稀疏，称为脱发。日常护理不当、内分泌失调导致皮脂分泌过度、全身性疾病或毛发发育异常等因素都可以引起头发脱落或受损。产生脱落的原因很复杂，涉及年龄、人体免疫、病原体感染、药物不良反应、人体代谢异常、营养状况和环境因素等。

对于某些患有较严重脱发疾病的患者，建议及时就医，在医师的指导下用药物进行治疗。对脱发程度不是太严重的消费者，可以适当使用防脱发化妆品。

防脱发化妆品是指有助于改善或减少头发脱落的产品，主要有洗发水、精华液、发膜等类型。防脱发化妆品主要通过减少影响脱发的因素，实现改善发质或预防头发脱落的效果。这类产品中一般添加了某些允许化妆品使用的抑制细菌、调节雄激素、刺激毛囊、促进血液循环、提供营养成分、抑制皮脂分泌等功效的成分。

86
烫发类化妆品可能引起哪些不良反应？

烫发化妆品可能引起以下两类不良反应。

一类是物理或化学性头发损伤。对头发过度牵引或热处理等物理损伤，可能会导致短期脱发和断发，严重时还会导致永久性脱发。烫发或头发拉直过程中使用的化学物质，会使头发角质蛋白分子间的化学键断裂，这些制剂使用时间过长、过频或浓度过高，都会减弱头发弹性，使头发变脆而易断。

另一类是持久性烫发对头发带来的损伤。烫发产品在头皮上停留时间过长，会对头皮产生不良刺激，通常是局部不良反应，局限在过度暴露部位，表现为瘙痒、灼热、发红、水肿、渗出或结痂。

87
祛斑美白类化妆品的作用机理是什么？

市场上祛斑美白类化妆品种类繁多，但从产品的作用机理上看，一般可分为两类：

一类是物理遮盖类。通过将二氧化钛、氧化锌、滑石粉等或类似的白色粉状物涂抹覆盖于皮肤表面，遮盖皮肤上的斑点，以达到美白的效果。

另一类是化学美白类。通过添加一些活性成分，有助于减轻或减缓皮肤色素沉着，达到使皮肤美白增白的效果，常见的活性成分主要有维生素 C 及其衍生物、间苯二酚类、有机酸类、植物提取物等。

88
祛斑美白类化妆品对肌肤有哪些帮助？

祛斑美白类化妆品对肤色暗沉、不均匀、色斑等肌肤局部瑕疵，具有一定的改善作用。适当使用祛斑美白类化妆品，有助于淡化色斑。但是，单靠祛斑美白类化妆品是不够的，还要做好肌肤的日常防晒、保湿等护理，使肌肤始终处于健康的状态。

有些肌肤问题，例如：黄褐斑、雀斑、妊娠斑等，与激素水平、遗传因素有关，是人体内在因素导致，使用祛斑美白化妆品可以起到一定的遮盖、缓解作用，但不能解决本质问题。

89
使用祛斑美白类化妆品应注意什么？

消费者应当按照祛斑美白类化妆品建议的使用方式、用量和频次使用产品，避免过度使用。一些祛斑美白类化妆品含有一定的促进去角质成分，可以加快角质细胞脱落，使肌肤看上去水嫩有光泽。但是肌肤角质层新陈代谢有其固定的周期，过度使用该类化妆品，会使角质层越来越薄，使皮肤的耐受性减弱；而且，由于降低了肌肤的屏障保护作用，使肌肤更多地暴露在紫外线、污染物等外界环境中，从而导致其他肌肤问题的出现。

此外，若消费者同时使用多种皮肤护理化妆品时，还应注意产品间的叠加效应带来的不利影响。

90
宣称速效美白的化妆品可信吗？

宣称速效美白的化妆品一般是不可信的。凡宣称使用后立竿见影地产生祛斑美白奇效的化妆品，要么是商家的夸大宣传，要么是涉嫌非法添加激素、重金属等化妆品禁用物质，长期使用会对人体产生伤害，需引起重视，高度警惕。

91
为什么我们需要防晒？

阳光中含有紫外线，尤其是海拔比较高或空气洁净的环境中紫外线强度更高。虽然适量的紫外线能促进体内矿物质代谢和维生素 D 的形成，对人体健康有益，但是大剂量或者长期暴露在紫外线下会对皮肤以及眼睛造成损伤。中波紫外线（UVB：290nm~320nm）能量高，会导致皮肤晒伤；长波紫外线（UVA：320~400nm）穿透能力强，主要的危害是加速皱纹、色斑形成，导致皮肤衰老。而且长期高剂量的紫外线暴露会增加皮肤癌的发生风险。因此，为了皮肤健康，防晒是必要的。

92
防晒化妆品为什么能防晒？

防晒产品分为两类。

一类主要含有氧化锌、二氧化钛类等物理防晒剂，主要通过物理遮盖起到防晒效果。

另一类主要通过其中含有的化学防晒剂吸收紫外线能量而起到保护皮肤的作用。

93
如何正确选择适合自己的防晒化妆品？

选择防晒产品时，主要根据自己的皮肤特点和所暴露的阳光环境来选择。对敏感性皮肤的人群如暴露在较强的阳光下，应当选用更有效的防晒产品。

防晒产品的防晒级别一般用 SPF 值和 PA 等级标识，SPF 值代表防中波紫外线的能力，PA 等级代表防护长波紫外线的能力。SPF 值越高、PA "+" 越多的产品防晒效果越好，这些可以在产品包装和标签上找到。

为了全面防护，要选择既能防护 UVB 又能防护

UVA 的防晒化妆品，即产品标签标识有 SPF 值和 PA 等级或广谱防晒的产品。

那么是不是直接购买 SPF 值最大，PA "+" 最多的防晒化妆品就最好呢？其实不然。虽然防晒能力增加了，但同时也意味着化妆品中添加的防晒剂含量更高或者成分更复杂，过度使用也就加重了皮肤的负担，甚至还可能引起皮肤不良反应。因此应根据环境条件选用适当的防晒化妆品，具体情况可参考下表。

防晒化妆品建议选择一览表

活动环境	防晒化妆品
室内可能接受到紫外线照射的地方	SPF15，PA+
阴天或者树荫下的室外活动	SPF15~25，PA+~++
直接阳光下活动	SPF25~30+，PA++~+++
雪山、海滩、高原等环境，或者春夏秋季阳光下活动	SPF50+，PA++++
活动涉及大量出汗或者接触水	防水防汗类防晒化妆品

94
如何正确使用防晒化妆品？

首先，使用防晒化妆品时要注意涂抹用量。对于防晒乳液、膏、霜类产品，大概需要取约一元硬币大小的量才能满足面部防晒要求。但实际上大多数人习惯的使用量可能只达到了需要量的一半或更少，因此影响了防晒效果。

其次，使用防晒化妆品时要注意使用顺序和时间。在基础护肤程序后再使用防晒产品，然后再使用彩妆。为使防晒剂能够充分接触皮肤产生作用，需注意应在出门前15~30分钟涂抹。如果长时间在日光下暴露的话，建议每隔2~3小时进行一次补涂，保证持续的防晒效果。

第三，使用防晒化妆品时要注意涂抹部位。除了面部，其他裸露部位如脖子、耳朵、胳膊、小腿等最好也要涂抹防晒化妆品。还需要注意的是，即使涂抹了防晒化妆品，也要避免阳光的直射，如可以使用太阳帽、遮阳伞等。

第四，使用防晒化妆品后要及时清除。一旦脱离阳光照射的环境，要尽快把防晒产品清洗干净。清洗时可以借助香皂、洗面奶或卸妆产品。

95
如何正确使用面膜类化妆品？

应当按照说明书的要求使用面膜类化妆品。有些说明书中虽然没有明确的使用频率限制，但是面膜并不是使用的越频繁越好。一些皮肤敏感的消费者，如果每天使用面膜，还可能会加重皮肤的敏感程度，反而不利于皮肤健康。

通常所用的面膜，组成成分中大部分是水和增稠剂，而我们的皮肤表皮脂膜中含亲水性的天然保湿因子

（NMF）。除产品说明书标明可长时间使用外，使用面膜时间过长会导致皮脂膜中的 NMF 流失，从而导致皮肤"越敷越干"。同时，长时间使用面膜会导致角质层过度水合，角质细胞间的连接松散，导致皮肤屏障受损，更容易受到外界物质的刺激，引起各种皮肤问题。因此，不应过于频繁地使用面膜，每次使用时间也不宜过长。建议正常皮肤，面膜使用的频率为每周 2~3 次，每次在面部停留的时间不宜超过 15 分钟。对敏感性皮肤及屏障受损的皮肤，应适当减少使用面膜的频率和时长。

在更换新品牌面膜前，为了避免化妆品皮炎的发生，建议先做皮肤过敏试验，未见异常后再使用。

96
存在所谓的"械字号面膜"吗？

市场上消费者见到的所谓"械字号面膜"，其实是医用敷料，属于医疗器械管理范围。按照医疗器械管理的医用敷料命名应当符合《医疗器械通用名称命名规则》要求，不得含有"美容""保健"等宣称词语，不得含有夸大适用范围或者其他具有误导性、欺骗性的内容。因此，不存在"械字号面膜"的概念，医疗器械产品也不能以"面膜"作为其名称。

97

用黄瓜、酸奶等自制面膜，真的对皮肤好吗？

化妆品的使用部位是人体表面，安全性是首要前提。受错误的化学成分有害论影响，很多人加入了用食品自制面膜的行列，如酸奶面膜、水果面膜、蜂蜜面膜等等，认为这样既天然又经济，应该对皮肤不会有伤害。事实上，用食品自制的面膜，对皮肤不一定好，也不一定安全。

首先，自制面膜可能引起皮肤过敏。自制面膜所用的食品，如牛奶、酸奶、蜂蜜等，都是很常见的过敏原，与皮肤直接接触可能会引发过敏反应。有些果蔬中含有光敏性物质，经过紫外线照射后，容易造成日光性皮炎，引起皮肤局部红肿、起疹，并伴有瘙痒、烧灼或刺痛感等症状。

其次，自制面膜可能会引发细菌感染。家里常见的蔬果、鸡蛋（蛋清）等含有大量的细菌，如果皮肤上有痘痘或者是小伤口，细菌更容易进入，很容易引发细菌感染和发炎。

第三，自制面膜可能会使肌肤不耐受，破坏皮肤屏障。有些水果（如柠檬）中有机酸浓度很高，会对皮肤起"漂白"作用，直接贴面使用，会破坏皮肤屏障，甚至引起皮肤灼伤。

因此，食用安全不代表肤用亦安全，自制面膜存在潜在风险，建议消费者根据自己的肤质和需求选购正规的市售面膜。

98 自己配制（DIY）化妆品有何风险？

按照配方自己配制（DIY）化妆品的小店已悄然在大街小巷布点经营。这些小店的产品以价格便宜，自己动手"配制"为卖点，吸引了不少时尚女性去尝试。

化妆品的研发和生产过程有严格要求，成品在上市之前更是经过各种严格的安全性检验，只有达到相关指标后才能确保其不会对人体造成伤害，也才能获得许可进行生产销售。而这些自己配制（DIY）化妆品的小店，其提供的原料和卫生条件是没有保证的。所以，所谓自制化妆品的质量安全是没有保证的，化妆品并不适合随意DIY。

知识扩展篇

99
皮肤的组织结构是什么？

皮肤覆盖人体表面，是人体抵御外界侵扰的第一道防线，也是人体最大的器官。皮肤的组织结构由外往里可分为三层，即表皮、真皮和皮下组织。

表皮处于皮肤的最外层，它决定了皮肤的原始外观状态，如干燥或柔润、黝黑或白净等，表皮厚度约0.1~0.3mm，从内到外依次分为5层，即基底层、棘层、颗粒层、透明层和角质层；真皮对于皮肤的弹性、光泽及紧实度等产生直接的影响；皮下组织又称皮下脂肪层，位于真皮下方，具有保温防寒、缓冲外力的作用。同时皮下组织也会影响皮肤的饱满程度，分布均匀的皮下脂肪层可使女性展现曲线丰满的优美身材，太多或分布不均的皮下脂肪则会使人显得臃肿，而皮下脂肪过少则又会使皮肤呈现干瘪及皱褶的状态。

100
常见的皮肤类型有哪些？

根据皮肤角质层含水量、皮脂分泌量以及皮肤对外界刺激的反应性等，可将皮肤分为以下5种类型。

中性皮肤

属于理想的皮肤状态，角质层含水量在 20% 左右，皮脂分泌适中，皮肤 pH 值为 4.5~6.5，皮肤紧致、光滑且富有弹性。毛孔细小且不油腻，对外界环境不良刺激的耐受性较好。

角质层含水量低于 10%，皮脂分泌少，pH 值 >6.5，此类皮肤因为缺乏皮脂，难以保持水分，故缺水又缺油，虽然肤质细腻，但肤色暗沉、干燥且有细小皱纹，洗脸后紧绷感明显。

干性皮肤

油性皮肤

此类皮肤皮脂分泌旺盛，pH 值 <4.5，皮肤弹性较好，不易出现皱纹，但其皮脂分泌量与其角质层含水量（<20%）不平衡，皮肤看上去油光发亮，毛孔粗大、皮肤色暗且无透明感。

此类皮肤兼有油性皮肤和干性皮肤的特点，即面中部（前额、鼻部、下颌部）为油性皮肤，双侧面颊及颞部为干性皮肤。

混合性
皮肤

敏感性
皮肤

此类皮肤也称为敏感性皮肤综合征，它是一种高度敏感的皮肤亚健康状态，处于此种状态下的皮肤极易受到各种因素的激惹而产生刺痛、烧灼、紧绷、瘙痒等主观症状。与正常皮肤相比，敏感性皮肤所能接受的刺激程度非常低，抗紫外线能力弱，甚至连水质的变化、穿化纤衣物等都能引起其敏感性反应。此类皮肤的人群常表现为面色潮红、皮下脉络依稀可见。

101
皮肤衰老的原因及特点有
哪些？

人体的皮肤一般从 25~30 岁以后即随着年龄的增长而逐渐衰老，大约在 35~40 岁后逐渐出现比较明显的衰老变化。

皮肤衰老是一个复杂的、多因素综合作用的过程。根据衰老成因的不同可分为内源性衰老和外源性老化。

内源性衰老也称为自然衰老，它是生物体新陈代谢的自然规律，是任何人也阻挡不了的。

外源性老化是指由于外界因素如紫外线辐射、吸烟、风吹日晒以及接触有毒有害化学物质而引起的皮肤老化，它是可以控制的。其中紫外线辐射是导致皮肤外源性老化最主要的因素，我们称这种皮肤老化为光老化。

皮肤的自然衰老与光老化在形成原因和症状方面均有明显不同。

皮肤的自然衰老

随着年龄的增长，人体的皮肤逐渐进入衰老状态，主要与以下因素有关：

①角质层的通透性增加，皮肤的屏障功能降低，导致角质层内水分含量减少，皮肤处于缺水状态；

②皮肤附属器官的功能减退，如汗腺和皮脂腺的分泌功能随着年龄的增加而逐渐减弱，导致分泌的汗液和皮脂量减少，皮肤长期得不到润养而干燥；

③皮肤的新陈代谢速度减慢，使得真皮内的弹力纤维和胶原纤维功能降低，皮肤张力和弹力的调节作用减弱，皮肤易出现皱纹；

④皮肤吸收不到充分的营养，使皮下脂肪储存不断减少，导致真皮网状层下部失去支撑，造成皮肤松弛。

皮肤的自然衰老主要表现为皮肤松弛，出现细小皱纹，同时伴有皮肤干燥、脱屑、脆性增加、修复功能减退等。皮肤干燥缺水是导致皮肤自然衰老的一个很重要的因素，所以做好皮肤的保湿工作对于延缓皮肤衰老至关重要。

皮肤的光老化

日光中的紫外线对皮肤的损害是多方面的，最主要的是引起真皮内纤维蛋白及基质成分的变化，主要表现为：

①弹力纤维变形、增粗和分叉，使弹力纤维的原有功能丧失，导致皮肤松弛无弹性；

②胶原纤维结构改变，含量减少，使得皮肤的张力及韧性降低，导致皮肤出现皱纹和松弛现象；

③基质中的透明质酸等黏多糖类成分裂解，可溶性增加，影响其结构和功能，最终导致皮肤干燥、松弛、无弹性。

皮肤的光老化主要发生在被紫外线照射的暴露皮肤部位，主要表现为皮肤松弛、肥厚，并有深而粗的皱纹，呈皮革样外观，用力伸展时皱纹不会消失，同时皮肤明显干燥和脱屑，皮肤呈黄色或灰黄色，久则出现色素斑点甚至表现为深浅不均的色素失调现象，长期日光照射还可能诱发皮肤癌。

可以看出，光老化所导致的皮肤衰老更为严重，它与自然性衰老在症状上最明显的区别是自然性衰老引起的皱纹较为细浅，而光老化导致的皱纹则粗而深，而且光老化引起的皮肤衰老速度明显快于自然性衰老。虽然如此，光老化是可以控制的，只要平时做好防晒工作，防止紫外线对皮肤的过度辐射，就可以控制或减缓光老化对皮肤所造成的伤害。

102
为什么随着年龄的增长皮肤会越来越显得干燥？

皮肤从表面上看起来是否干燥，主要取决于表皮角质层的含水量，其含水量在 10%~20% 时，皮肤看起来水润紧实、富有弹性，是最理想的皮肤状态；若角质层含水量在 10% 以下，则皮肤干燥，呈粗糙状态甚至发生龟裂现象。

随着年龄的增长，尤其进入中老年后，皮肤感觉越来越干燥，主要原因如下：皮肤组织中的皮脂腺和汗腺功能逐渐减退，导致皮脂和汗液的分泌量降低，使皮肤表面皮脂膜的量越来越少，皮脂膜对皮肤的覆盖及润泽作用大大降低；角质层中天然保湿因子以及透明质酸类物质含量逐渐减少；角质层的天然屏障功能降低。以上三种原因均可导致角质层含水量降低，当其含水量低于 10% 时，皮肤处于缺水状态，出现干燥、脱屑等现象，含水量越低，干燥程度越严重。

103
影响皮肤含水量的因素主要有哪些？

皮肤含水量充足，则皮肤水润饱满，尤其是角质层的含水量直接影响到皮肤的表观状态，只有了解影响皮肤含水量的主要因素，才能有目的的从这些方面入手，确保角质层有适宜的含水量，使皮肤处于水润剔透的理想状态，影响皮肤含水量的因素主要有以下几方面。

年龄因素

婴幼儿皮肤含水量最高，皮肤看起来非常水润、饱满、光滑，儿童到青少年时期人群角质层含水量也明显高于成年人，而中年人角质层含水量又高于老年人。所以从婴幼儿到老年，皮肤老化的过程伴随着皮肤水分的丢失、减少。

环境及季节因素

生活环境的空气干湿度对角质层含水量也具有重要的影响。当人体皮肤暴露在空气相对湿度低于30% 的环境中 30 分钟后，角质层含水量就会明显减少。干燥环境可抑制角质层中天然保湿因子的合成，降低角质层的屏障功能，使角质层含水量降低。另外，冬季气候干燥，皮肤容易处于干燥缺水状态；夏季气候潮湿，皮肤含水量往往比较充足。

物理及化学性损伤

物理性的反复摩擦会破坏角质层的完整性，如使用磨砂膏去除面部角质。另外，去角质化妆品中还有一类是通过化学作用实现去除角质的目的，如是通过添加果酸类成分。不当的去角质操作，会对皮肤造成损伤，从而影响角质层含水量。

疾病和药物因素

一些疾病如维生素缺乏、蛋白质缺乏及某些皮肤病（特应性皮炎、湿疹、银屑病、鱼鳞病）、内科疾病（糖尿病）等，均会因皮肤屏障功能的缺陷而导致患者皮肤干燥。同时，局部外用某些药物也会影响皮肤的屏障功能，使皮肤含水量降低。

104
保持皮肤的水分应注意哪些事项？

我们在日常清洁及美容的过程中应至少注意以下两点：

（1）清洁皮肤时不要选用脱脂能力过强的产品。过强的清洁力会将皮肤表面的皮脂膜洗去。

（2）不要频繁过度使用去角质产品。适度去角质可以促进皮肤的新陈代谢，消除由于角质过厚而造成的皮肤晦暗粗糙现象，但是如果过度去角质，会导致角质层变薄，使角质层的屏障功能降低，使皮肤失水量增加，同时也使皮肤抵御外界不良刺激的作用减低，增加皮肤的安全隐患。

105 皮肤的颜色是由哪些因素决定的?

　　正常皮肤的颜色取决于皮肤中的黑色素、胡萝卜素、氧合血红蛋白和脱氧血红蛋白的多少，也与角质层的厚度和含水量、血流量、血氧含量等因素密切相关。

　　（1）黑色素是决定人类皮肤颜色最主要的色素，它是由位于表皮基底层的黑色素细胞合成，然后通过黑素细胞的树枝状突起被传递到临近的角质形成细胞内，并随角质形成细胞向表皮上层移动，从而影响皮肤的颜色。

　　（2）胡萝卜素是一种类胡萝卜色素，只能通过食物来摄取。血液中的胡萝卜素很容易沉积在角质层并在角质层厚的部位及皮下组织产生明显的黄色，女性皮肤中的胡萝卜素含量往往比男性多。

　　（3）血红蛋白存在于红细胞中，能够与氧分子结合（称为氧合血红蛋白），将氧气从肺部输送到全身各组织中，氧合血红蛋白存在于动脉血中使其成鲜红色；脱氧后的血红蛋白（称为脱氧血红蛋白）在静脉血中使血液呈现深红色。血液的颜色能够影响到面颊等毛细血管丰富部位的皮肤颜色。

　　（4）角质层较薄及含水量较多时，皮肤的透明度较好，能够较多的透过血液颜色，从而使皮肤显出红色；相反，角质层较厚及含水量较低时，皮肤的透明度较低，皮肤呈现黄色。

　　虽然上述因素对皮肤颜色起到决定性的作用，但皮肤颜色也随着种族和个体差异而有所变化，还与性别、年龄以及身体的不同部位等因素密切相关。

106
化妆品成分表中的各种成分都有什么作用？

化妆品全成分表能让我们了解使用的产品都添加了哪些成分。这些成分通常会使用化妆品原料标准中文名称来标记。对于不具有化学专业知识的大多数消费者，即使看到了成分表中的化妆品原料的名称，也很难明白这些成分到底是什么、有什么作用。在此简要介绍一些较为常用的化妆品成分。

基质类成分

基质类成分是化妆品有效成分的媒介，如水、乙醇、矿物油、凡士林等，这类成分用量较大，所以通常排在全成分列表的前几位。

皮肤护理成分

皮肤护理成分是化妆品中发挥功效的成分。它们发挥护肤作用的原理各有不同，主要包括有助于皮肤变得更水润、紧致、光滑、亮白等作用。例如：

①具有保湿作用的甘油、透明质酸、多糖等；②能修复角质层的神经酰胺、维生素 E 等；③能帮助去角质的水杨酸、溶角蛋白酶等；④能抗氧化的超氧化物歧化酶（SOD）、维生素 C 衍生物等；⑤能滋润肌肤的荷荷巴油及乳木果油等。

护发成分

护发类化妆品中含有护发成分，包括帮助头发柔顺的成分，如聚二甲基硅氧烷（硅油）、季铵盐、维生素 E 等；帮助去屑的成分，如吡硫鎓锌、水杨酸等。

酸碱度调节成分

人体皮肤在正常状态下处于弱酸性，pH 值为 4.5~6.5，头发在正常状态下处于中性偏弱酸性。为了维持皮肤及毛发正常的酸碱度，化妆品需要保持一定的酸碱度。但这并不意味着化妆品的酸碱度一定要在皮肤的酸碱度范围内，清洁类产品可能需要偏一点碱性，而促进皮肤新陈代谢的产品可能需要偏一点酸性，基本原则是化妆品不能过度破坏皮肤自身的酸碱平衡。化妆品常用的酸碱调节剂有枸橼酸（柠檬酸）、磷酸、酒石酸、磷酸二氢钠、三乙醇胺等。

防腐剂

防腐剂是化妆品中添加的用于防止微生物滋生和产品腐化变质的成分。常用的有羟苯甲酯、羟苯乙酯、羟苯丙酯、羟苯丁酯、山梨酸钾、苯甲酸钠、三氯生、苯扎氯铵、甲基异噻唑啉酮、苯氧基乙醇、氯酚甘油醚、脱氢醋酸钠等。

着色剂

化妆品中的着色剂通常用编号标识，如CI77491等，有时候也会见到中文名称。

清洁剂

　　清洁类化妆品的主要功效成分是清洁剂。清洁剂一般是表面活性剂，例如洗发产品及沐浴露中常用椰油酰胺丙基甜菜碱、月桂醇硫酸酯钠及月桂醇聚醚硫酸酯钠等；氨基酸洗面奶中常用月桂酰谷氨酸钠、月桂酰肌氨酸钠及椰油酰甘氨酸钾等；洁面膏中常用天然油脂（脂肪酸）和氢氧化钠、氢氧化钾（制备时脂肪酸与氢氧化钠、氢氧化钾反应生成的皂类物质作为清洁剂）等。

107
化妆品会致癌吗？

　　长期以来，化妆品能否致癌一直是广大消费者以及专业人士非常关注的问题。近年来，人们对含有下列物质化妆品的致癌风险更为关注，包括苯二胺类物质、石棉、二噁烷以及重金属铅、镉等。

苯二胺类

　　苯二胺是目前应用最为广泛的染发剂原料，但苯二胺是已被确认的有害物质，所以我国对于这类物质在化妆品中的用量有严格的限制规定。

石棉

石棉是一种纤维状的硅酸盐类矿物质，存在于地层岩石当中，属于致癌物质。滑石粉是一种矿物质粉类化妆品原料，滑石粉中有可能带入石棉。《化妆品安全技术规范》中规定，化妆品中含有原料滑石粉的必须对石棉进行检测，化妆品中不得检出石棉。

二噁烷

二噁烷是一种含有氧元素的有机化合物，属微毒类物质，可通过吸入、食入以及皮肤吸收等方式进入体内，对皮肤、眼部和呼吸系统产生刺激，并且可能对肝、肾和神经系统造成损害，可能有致癌性，但对人的潜在致癌性较小，对动物的致癌性是已知的，在化妆品中属于禁用物质。

通常二噁烷不是人为添加的，而是源于含聚氧乙烯醚结构的原料，二噁烷是生产这类原料时生成的副产物，而这类原料在护肤品以及洗发香波、沐浴露、牙膏等洗漱用品中很常用，尤其在洗漱产品中用量较大，主要作为清洁剂、发泡剂，所以二噁烷也随之出现。《化妆品安全技术规范》中明确了二噁烷的含量要求，必须低于 30mg/kg。

重金属

长期使用重金属含量超标的化妆品也可能有致癌的风险。《化妆品安全技术规范》中对化妆品中重金属的含量也设定了严格的限量标准。

108
什么叫激素依赖性皮炎？

所谓激素依赖性皮炎，是指消费者使用了含有激素的药物或化妆品后产生的不良反应，其特点是一旦停止使用含激素的产品，患者即感觉皮肤灼热、刺痒，面部出现红斑、鳞屑，严重时出现丘疹、毛细血管扩张等症状，再次使用该产品时，皮肤症状缓解，若再次停用，皮炎会再次复发，如此周而复始，恶性循环，使皮炎症状越来越严重。

109
为什么有的化妆品会引起激素依赖性皮炎？

我国法律法规明确规定禁止在化妆品中添加激素，因此使用合法合规的化妆品是不会引起激素依赖性皮炎的。

但是少数不法商家，出于牟取经济利益的考虑，为了让消费者感觉它的功效更好，而在化妆品中违法添加激素类物质。如美白产品，消费者使用该类产品后，或许会在短期内使皮肤快速达到白嫩细腻的效果，但是若长期使用此类产品，就可能会使皮肤产生色斑、萎缩变薄等问题，还可能会出现激素依赖性皮炎等。

提醒广大消费者，在选择化妆品时一定要提高警惕，千万不要追求化妆品的短期功效，也不要偏信厂商的过度宣传或他人的推荐。对于已出现激素依赖性皮炎症状的消费者，应及时就医，在医师的指导下正规治疗，同时注意心理调节，增强治愈疾病的信心。

110
化妆品引起的接触性皮炎有哪些特点？

化妆品接触性皮炎是化妆品引起的皮肤病中最常见的类型，占62%~93%，分为刺激性接触性皮炎和过敏性接触性皮炎两大类。刺激性接触性皮炎占绝大多数，它是由于接触化学物质引起的皮炎性反应而产生的非特异性损伤；过敏性接触性皮炎是指接触过敏原后，通过免疫机制而引起的皮肤免疫反应。能够引起化妆品接触性皮炎的原料有很多，包括香精香料、防腐剂、乳化剂、抗氧化剂、防晒剂、植物添加剂等，其中最常见的就是香精香料和防腐剂。

1 刺激性接触性皮炎

在化妆品接触性皮炎中占绝大多数，其临床表现存在较大差异，与刺激物的种类及剂量大小有关。皮肤刺激初期仅仅表现为主观上的感觉刺激，并无皮肤形态上的改变，随后可能会出现临床症状，产生皮肤损害。急性期皮损主要表现为程度不等的干燥、脱屑、红斑、水肿、水疱及破溃后的糜烂、渗出等；慢性期则表现为程度不等的皮肤增厚和浸润等。

刺激性皮炎的皮肤损害主要发生在化妆品的接触部位，并且界限清楚，同时患者自身感觉局部皮损部位灼热或疼痛，瘙痒感较为少见。

2 过敏性接触性皮炎

此类皮炎的发生同患者是否为过敏体质及对接触的化妆品是否过敏有关。急性期表现为红斑、水肿，随之出现丘疹、水疱、渗出和结痂；慢性期表现为皮肤苔藓化和色素沉着等。

过敏性接触性皮炎的皮损部位最初主要局限在化妆品接触部位，而且初次接触时并不发生反应，再次接触同类物质后，可于几小时至1~2天内出现症状，严重时可向周围或远隔部位扩散。此类皮炎可伴有广泛的瘙痒感。

对于化妆品接触性皮炎来说，无论是两种类型中的哪一种出现，都应及时彻底清除皮肤上存留的化妆品，并停止使用引起皮肤病变或可能引起病变的化妆品。大部分接触性皮炎病情较轻，通常具有自限性，即只要避免接触可疑化妆品一段时间后，即可自动痊愈。对于普通消费者而言，若需治疗，应在医师的指导下进行，切勿私自选用药物，以免加重病情。

111 为什么激素是化妆品禁用物质，但还是常被不良厂商非法添加？

激素旧称为荷尔蒙，是每个人身体内都含有的一类化学物质，是由内分泌腺体分泌的高活性多肽类化合物。人体的各种机能活动都离不开激素，激素能够帮助人体调节体内的糖、蛋白质和脂肪这三大营养物质的生物代谢，同时也负责传递体内的各种活动信息和信号，是调节新陈代谢、维持正常生理活动所必需的物质之一。

由于激素是人体非常重要的生物活性物质，一些医用药膏会含有激素，作为具有治疗作用的活性成分，以治疗皮肤疾病。这种含有激素的药物是经过严格的临床试验并经药品监管部门严格审批后才能够生产销售的，而且需要在执业医师或执业药师指导下使用，并有严格的用量和治疗周期限制，这样药物的安全性能得以保证。

但是，如果化妆品中添加了激素，由于化妆品的使用是长期的，而且其中激素的含量是不可控制的，必然将消费者置于很大的风险中。或许在短期内可能起到祛斑、除痘、改善肤质的作用，但是对皮肤的损害可能是长期的甚至不可恢复的，甚至会形成激素依赖性皮炎等不良后果。对消费者而言，长期使用含有激素的化妆品相当于"饮鸩止渴"。因此，我国相关法规明令禁止在化妆品中添加激素。

但也正是由于添加激素能够使化妆品显现出快速、明显改善皮肤的效果，不良商家为了使其产品能够吸引不明真相的消费者以牟取暴利，而在化妆品中非法添加激素。消费者一定要对此保持高度的警惕，不要购买。

112 什么是"激素脸"？"激素脸"是如何形成的？

通常化妆品中违法添加的激素是糖皮质激素，它是肾上腺皮质激素的一种，将其用在皮肤上的显著作用就是消灭痘痘、增加细胞中的水含量，让皮肤看起来水润光滑，以及收缩毛细血管，让皮肤变得更加白净。

相比于普通的护肤品，糖皮质激素在皮肤上见效非常快，但如果长时间使用，糖皮质激素最根本的危害就会暴露：只消炎，不杀菌。即使痘痘因为糖皮质激素消失了，但造成痘痘的"元凶"——细菌，还依然存活，同时，由于糖皮质激素强大的抑制皮肤免疫力的作用，肌肤原本的保护屏障功能也被它一点点瓦解。一旦停用，面部就会变得肿胀、痒痛和灼烧，形成激素依赖性皮炎，也就是俗称的"激素脸"。

连续 4 周使用含激素类的产品，肌肤就会产生红斑、脱皮、丘疹、干燥、萎缩、红血丝、痤疮和色素沉着等各种问题，停用这类产品后，面部肌肤就会变得脆弱不堪，任何内外源刺激都可能会加重肌肤问题。

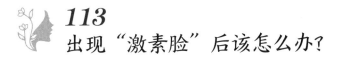

113
出现"激素脸"后该怎么办?

首先，一定要停用任何含有激素成分的护肤品，并马上就医。修复和治疗"激素脸"的原则就是脱敏、抑制免疫反应、改善潮红和修复屏障，通过口服用药、外用药、护肤品都能够达到理想的治疗效果。

除了一些药物治疗，也要注意日常中的饮食和生活习惯。在饮食上，忌辛辣刺激的食物，以及牛羊肉、鱼、虾、蟹等，应多吃新鲜的水果蔬菜。在生活习惯上，不要长时间洗热水澡，避免用热水洗脸。也可以适当做些有氧运动，促进身体局部的血液循环，增加人体内的含氧量。还要避免情绪的剧烈波动，保持愉悦的心情和充足的睡眠。

114
脸上出现哪些症状，说明正在使用的化妆品中可能含有激素？

如果使用了添加激素的化妆品，一般会有两个显著特征：一是在使用产品后皮肤变得异常好；二是停用后皮肤状况迅速变糟糕。

出现具体以下症状：皮肤发红、红斑；密集分布粉刺、丘疹、脓包；面部皮肤干燥、脱屑、皱纹增多；面部毫毛增生，可伴随毛细血管扩张；面部皮肤灰暗；对光更加敏感，即使是手机光、电脑光等都可能导致皮肤发红发烫；皮肤变薄，皮肤纹理消失等。

在出现以上症状时就要考虑是否使用了含有非法添加激素的化妆品，并立即停止使用该化妆品。

115
"刷酸"美容是什么"梗"？

"刷酸"是目前很流行的美容词汇。所谓"刷酸"其实是一种化学换肤手术，又称化学剥脱术，是将酸性化学制剂涂在皮肤表面，导致皮肤可控的损伤后促进新的皮肤再生。酸性化学制剂的种类、浓度、在皮肤上的停留时间，都可影响"换肤"的深度，可以分为浅层换肤、中层换肤、深层换肤。换肤作用的深度越深，效果也越明显，同时发生不良反应的风险也更大。

较高浓度的酸对皮肤具有一定的刺激和破坏作用。随着酸浓度的增加、停留时间的延长，发生不良反应的概率也随之上升。治疗过程中可能出现暂时性红斑、肿胀、刺痛、灼热等不适，术后可能出现结痂、色素沉着等。另外少见的有灼伤、糜烂、渗出、色素异常、反应性痤疮、粟丘疹、毛细血管扩张、接触性荨麻疹、瘢痕等。

"刷酸治疗"中使用的"酸"不是化妆品！"刷酸治疗"需在正规医院或专业诊所，由经过培训的专业人员进行操作。目前，"刷酸治疗"中使用的"酸"种类很多，有些"酸"是不能用于化妆品的，如维 A 酸、三氯醋酸等。

化妆品是以清洁、保护、美化、修饰为目的的日用化学工业产品，不具有医疗作用。部分化妆品能够实现一定的清洁、去角质等功效，但与"刷酸治疗"有着本质区别。化妆品禁止明示或者暗示具有医疗作用，避免使用"换肤"等不当宣称，防止误导消费者。

116
"纳米"化妆品真的就好吗？

有些化妆品厂商以纳米技术为噱头吸引消费者，但纳米化妆品真的就好就安全吗？答案是：未必！

所谓纳米化妆品是采用纳米级原料或应用纳米技术生产的化妆品。纳米是一种长度计量单位，一纳米等于十亿分之一米、千分之一微米。《化妆品新原料注册备案资料管理规定》将纳米原料定义为在三维空间结构中至少有一维处于1至100纳米尺寸或由它们作为基本单元构成的不溶或生物不可降解的人工原料。

人体表皮细胞的间隙为头发丝粗细的十分之一，纳米微粒则为头发丝粗细的几万分之一，远远小于皮肤间隙，因此纳米级物质能更易于渗入皮肤细胞，其有效成分也更易被皮肤吸收。

纳米材料是新兴材料，目前对其安全评估的经验有限，对人体健康、安全和环境方面的影响，具有较大的不确定性。从理论上讲，具有强渗透性的纳米材料微粒与常规原料相比，更容易透过人体皮肤屏障，穿过血脑屏障，进入血液循环系统，并被传送到组织器官，给人体健康带来安全隐患。早期在其他领域对碳纳米微粒的研究也显示，纳米微粒有在细胞组织中累积的倾向。

出于对纳米材料安全风险的担忧，欧盟化妆品有关法规对化妆品使用纳米材料有特殊要求，如要求提供更多的安全性评价数据，而且含有纳米材料的化妆品必须将"NANO"标注在产品全组分标识中。国家药品监督管理局发布的《化妆品新原料注册备案资料管理规定》中也对纳米材料安全性评价资料有较高的要求，《化妆品标签管理办法》中也有相应的标注要求。尽管如此，在国际范围，监管措施和法律法规都滞后于纳米技术的发展，大多数国家和地区没有针对化妆品中纳米材料进行有效监管。在我国，纳米化妆品的监管在技术层面上也面临着许多挑战。在这种情况下，建议消费者不要过分偏信纳米化妆品的功效，而忽略了其安全性。

117
"干细胞美容"靠谱吗？

所谓"干细胞美容"不靠谱！

干细胞，俗称"万能细胞"，是一类具有自我更新能力的多潜能细胞，在一定诱导条件下可以增殖并分化为其他类型的细胞。目前，干细胞技术在医学领域大多仍处于临床研究阶段。在卫生健康主管部门备案的干细胞临床研究中，尚无干细胞在美容、抗衰方面的研究。

2021年国家药品监督管理局修订发布的《已使用化妆品原料目录（2021年版）》中未收录名称含有"干细胞"的化妆品原料。目前，国家药品监督管理局未注册或者备案任何干细胞相关的化妆品原料。

根据《化妆品监督管理条例》，化妆品标签禁止标注"虚假或者引人误解的内容"。如果化妆品的标签宣称含有"干细胞"，即违反了化妆品标签管理的法规规定。

118
睫毛液具有"促进睫毛生长"的功效吗？

市场上有部分宣称可以使睫毛变"浓密""纤长"的睫毛滋养液、睫毛精华液等产品，通常是在睫毛上附着成膜剂、着色剂等，以物理作用方式达到对睫毛上色、增粗、变长的效果。这类产品属于普通化妆品，在上市或者进口前应当完成产品备案。上述睫毛液并不具有促进睫毛生长的作用。

事实上，在国家药品监督管理局发布的《化妆品分类规则和分类目录》中，并没有"促进睫毛生长"的功效类别。截至目前，国家药品监督管理局未批准任何宣称具有促进睫毛生长功效的化妆品。

监管部门在市场抽检中发现，有个别不良企业存在在睫毛膏中添加激素的违法情形，在此提醒消费者注意。

119
化妆品个性化定制真正可行吗？

化妆品个性化定制，是近几年每个厂商都在追逐的热点。消费者千人千面，每个人都存在个体差异，从理论上讲，无论是护肤还是彩妆，如果能做到基于个体的差异和特点来定制产品，当然是很理想的。但是化妆品个性化定制在当前仍面临着许多问题和挑战。

首先，从法规方面讲，为了保护广大消费者的权益，我国化妆品监管法规要求产品上市前都需要注册或备案，并有留样数量要求。而个性化定制产品因为针对的是个人，需求量不大，所以从法规管理上定制产品就存在限制。而且，我国对化妆品生产环境和条件有严格要求，符合一定的条件才能取得生产许可证生产化妆品，而目前国外流行的街边售卖机式定制生产，并不符合我国的生产管理规定。

其次，从研发和生产技术上讲，如果要做到"千人千面"，完全做到个性化定制，那么就要根据每个人的肤质特点，肤感外观需求，功效需求来研发并生产化妆品，这在实际上是很难做到的。一是在原料选择上既费时又费力；二是不适合工业化的大规模生产，若一份一份的小批量生产，必然导致生产成本的大幅增加，产品的价格绝非大多数普通消费者能够负担。

所以，所谓的化妆品个性化定制，往往是企业宣传促销的噱头或手段，实际效果却不尽然。

120
医疗美容和生活美容有什么区别？

随着美容行业的发展及利益的驱使，部分生活美容美发机构存在超范围经营医疗美容业务的行为，混淆了医疗美容和生活美容界限，同时导致消费者利益严重受损，不仅仅是金钱上的损失，而且还可能危害身体健康。

生活美容和医疗美容的区别见下表。

	医疗美容	生活美容
定义	运用手术、药物、医疗器械以及其他具有创伤性或侵入性的医学技术方法对人体进行修复与再塑	运用化妆品、保健品和非医疗器械等非医疗性手段对人体进行带有保养或保健性的美容护理

	医疗美容	生活美容
资质	开展医疗美容的机构需取得《医疗机构执业许可证》且含"医疗美容科"	开展生活美容的机构需取得《公共场所卫生许可证》
人员资质	主诊医师应持有《医师资格证书》，并在证书备注页登记核定相关医疗美容专业。护士应持有《护士资格证书》，经过医疗美容护理专业培训或进修并合格，或已从事医疗美容临床护理工作6个月以上	持有"健康合格证"即可上岗服务
美容手段	符合国家标准的各类药物、各类手术（包括外科手术、激光治疗等），以及符合国家标准的各类医疗器械，如激光、光子治疗等	符合国家标准的各类化妆品、保健品和非医疗用器械，如运动器材、按摩器材等
常见项目	玻尿酸、肉毒素、除皱针、割双眼皮、超声刀、线雕、抽脂、激光脱毛、光子嫩肤、隆胸、隆鼻、刷酸等	皮肤护理、化妆、按摩、修眉、美甲、足浴等

提醒消费者注意：

1 生活美容机构不得开展医疗美容服务。

2 接受医疗美容服务时一定要查验机构和人员资质，索要病历资料，特别是治疗记录、知情同意书、植入性医疗器械条形码、收费发票等。

3 发现生活美容机构违法开展医疗美容服务线索，可向当地卫生健康主管部门举报投诉。

4 自身健康权益受到损害，可向人民法院依法提起民事诉讼。

知识扩展篇

参考文献

［1］中华人民共和国国务院. 化妆品监督管理条例［S］. 2020.6. 国务院第 727 号令.

［2］国家市场监督管理总局. 化妆品生产经营监督管理办法［S］. 2021.8. 国家市场监督管理总局令第 46 号.

［3］国家药品监督管理局. 化妆品生产质量管理规范［S］. 2022.1. 国家药品监督管理局公告 2022 年第 1 号.

［4］国家药品监督管理局. 儿童化妆品监督管理规定［S］. 2021.9. 国家药品监督管理局公告 2021 年第 123 号.

［5］国家药品监督管理局药品评价中心，国家药品不良反应监测中心. 化妆品不良反应知识 50 问［Z］. 20208.

［6］国家食品药品监督管理总局. 化妆品安全技术规范［S］. 2015.11.

［7］谷建梅. 化妆品安全知识读本［M］. 北京：中国医药科技出版社，2017.

［8］杨梅，李忠军，傅中. 化妆品安全性与有效性评价［M］. 北京：化学工业出版社，2018.